三及弟

蕉岭县

开锅肉丸

梅县区

百侯薄饼

盐焗鸡

梅江区

大埔县

隍云片糕

丰顺县

非遗美食

梅州客家味道的前世今生

廖 君◎著

SPM 南方出版传媒

广东科技出版社 | 全国优秀出版社

·广州·

图书在版编目（ＣＩＰ）数据

非遗美食：梅州客家味道的前世今生 / 廖君著. —广州：
广东科技出版社，2022.1
ISBN 978-7-5359-7806-6

Ⅰ. ①非… Ⅱ. ①廖… Ⅲ. ①客家人—饮食—文化—介
绍—梅州 Ⅳ. ①TS971.202.653

中国版本图书馆CIP数据核字（2021）第256218号

非遗美食：梅州客家味道的前世今生
Feiyi Meishi: Meizhou Kejia Weidao de Qianshijinsheng

出 版 人：严奉强
项目统筹：颜展敏　钟洁玲
责任编辑：张远文　彭秀清　李　杨
装帧设计：友间文化
责任校对：廖婷婷
责任印制：彭海波
出版发行：广东科技出版社
　　　　　（广州市环市东路水荫路11号　邮政编码：510075）
销售热线：020-37607413
http://www.gdstp.com.cn
E-mail:gdkjbw@nfcb.com.cn
经　　销：广东新华发行集团股份有限公司
印　　刷：广州一龙印刷有限公司
　　　　　（广州市增城区荔新九路43号1幢自编101房　邮政编码：511340）
规　　格：889mm×1 194mm　1/32　印张7.5　字数150千
版　　次：2022年1月第1版
　　　　　2022年1月第1次印刷
定　　价：78.00元

如发现因印装质量问题影响阅读，请与广东科技出版社印制室联系调换
（电话：020—37607272）。

前言

本本真真客家味

　　客家人是南迁自中原的汉人，因此客家文化里留存着中原文化延续和演变的成分，这里面当然也包括民间的饮食文化。事实上，客家人并不是径直从中原来到现在的闽粤赣客家地区的。西晋时期，第一次大迁徙的中原汉人在长江流域的江淮一带及鄱阳湖地区落脚，并在那里生活了数百年之久，中原的饮食习惯因为地理环境的改变，在那数百年里被淡化了不少。当他们再次往南方迁移时，饮食习惯已经不完全是黄河流域的了，而更多的是掺杂了长江流域的口味特征。毕竟，几百年前的味觉记忆，要比一千多年前的味觉记忆更清晰。

　　到了梅州地区，客家人总算有了真正属于自己的家园，可以安身立命了。梅州在客家人到来之前已经有三千多年的文明史，这种文明里面自然包含了饮食文化，特别是由畲族农耕文明生产出来的大量食材，以及处理这些食材的方法，在今天的客家菜体系里仍然比较完整地存在着。数百年来，定居下来的客家人与梅州土著居民经过长时间的融合，创造出了兼容并蓄的客家饮食文化，正如一路南迁所融合进去的每个地方的味道痕迹一样，客家菜也在这种融合中形成了自己独有的风味和做法。可见，客家菜，是"客家"这支独特的民系在求生求变的过程中生存智慧的一种味觉体现，它是在特定的生态环境里发生的，并在特定的生态环境里发展着的一种地方菜肴体系。

　　正是由于客家饮食文化如此厚重的历史底蕴，所以，截至2021年9月，在梅州市383个非遗代表性项目名录当中，就有100多个非遗项目和饮食相关。本书将从非遗的角度，给读者展示客家美食的前世今生。在这100多个与饮食相关的非遗项目中，涵盖了客家人饮食生活的方方面面，从食材到菜肴、从主食到点心、从茶到酒……低调内敛的客家饮食文化在梅州非遗的文化生态环境中张扬着个性和激情。

　　客家菜的食材和客家人的居住环境密不可分，客家人依山而居，靠山吃山，兽、畜、禽、鸟，曾经都是养活了客家人的营养来源；而大量的树之根、草之叶，则是让客家人在大山里克服瘴痢邪毒、调养身体的功臣。这些食材是传统客家菜的重要构成要素。同时，山林的交通极其不便利，使得外来的物料运输成本很高，因此传统客家菜的烹制调味料和香料都用得极少。直到现在，在一些快餐小炒馆子的厨房里，灶台上仍然只有盐、鱼露、白味（生抽酱油）、胡椒粉和味精这几样味料。这本是条件所限的无奈，却练就了客家菜厨师大道至简的真功夫，也成就了客家菜原汁原味的、荤素平衡的味觉特点。这里要说一下，客家菜不拒绝味精，在没有任何刺激性香料的客家菜里，极少量的味精是调出原味的点睛之笔。

传统客家菜的味型以"咸、烧、肥"著称，这是客家话里的三个字。咸，是"入味、味道足"的意思；烧，是"烫、热"的意思；肥，则是"浓郁、脂香汁厚"的意思。

从烹饪技法上分，客家菜包含了炒、焖、酿、氽、扣、蒸、煲、焗、腌等手法，焗和腌将会在正文中单独介绍。

炒，任何地方菜系的"炒"，都有它起锅烧油后离不开的料头和调味，比如川菜的泡椒和豆瓣酱、湘菜的剁椒和豆豉等，而梅州客家菜是用猪油、姜蒜、酒糟、鱼露和

金不换来奠定味型的，成菜有淡淡的酒香，是客家炒菜的味蕾标识。代表菜：客家炒猪肠、黄鳝炒苦荬菜、糟水咸菜炒牛肉等。

焖，是客家菜常用的技法。凡是焖的菜式，其原料大多是带骨而且比较大块的，如鸡鸭猪羊等肉类食材，所以在最传统的客家菜里面，焖出来的一般都是

硬菜，要求厨师对焖的技法掌握得非常熟稔。在生活不富裕的年代，要过年过节或有好事时才舍得做焖菜，因此有好些焖制的肉菜都会用红曲米着色，寓意兴旺。代表菜：红焖肉、鱼露焖猪脚等。

酿，在客家菜里有丰富的体现，是客家人把河塘之鲜与脂香浓厚的猪肉相交融，并且巧妙地附着于清素的食材之中，使荤素食材的味道相互吸附的烹饪技法。最著名的酿菜是客家酿豆腐，另外，苦瓜、茄子、辣椒、香菇等都是常用的酿菜介质。酿制好的食材，先煎后焖，带汁滚烫上桌，是客

家人餐桌上的家常味道。

汆，客家菜的汆，相当于生滚，是指在滚沸的底汤中放入主食材和配料，滚至食材成熟，调味即可。客家汆，是山边客家人的口福，要求食材必须非常新鲜，禽畜品质好。特别是肝、腰、肠、肚这些动物内脏，避腥的只有酒糟和姜丝，在只有盐和胡椒调味的清汤里也能做到鲜甜清香，这也是客家菜的厉害之处。代表菜：咸菜糟水川三及第、西红柿香菜汆鬐顶肉（梅头肉）等。

扣和蒸，都是汉族人最古老且沿用至今的烹饪技法，客家人一直把它们运用在饮食之中。扣，是一种极具仪式感的烹饪技法。首先是将生料食材腌过或制成半成品，经手工砌作或刀工技巧，加工成型，使其整齐美观；再盛在器皿上，蒸至成熟后倒扣在出菜的盘碗上即成，是客家宴席里面必出的菜品。代表菜：梅菜扣肉、拱桥肉等。

不扣只蒸的烹饪方法，在客家菜里运用得也非常普遍。蒸菜是客家人迁徙途中留下痕迹最多的味道，在闽粤赣客家地区，蒸菜的技法是一脉相承的。由于食材新鲜地道，蒸菜特别容易发挥客家菜原汁原味的特点。代表菜：蒸盐鸡、筒骨蒸猪肠头、黄花菜蒸鬐顶肉等。

　　煲，是以汤为主的烹制方法，客家菜中善于采用丰富的山野之根——各种具有药用价值的植物根茎和鸡、鸭、猪骨等搭配，是客家菜里面药食同源的拳头菜品。代表菜：五指毛桃煲脊骨、艾根煲鸡、猪肚煲鸡等。

　　2020年，"梅州客家菜烹饪技艺"获准列入梅州市非物质文化遗产代表性项目名录。

　　本书介绍的是其制作技艺已经被列入各级非物质文化遗产代表性项目名录的梅州客家美食。

非遗美食

梅州客家味道的前世今生

目录

1

山水的精灵——粄欶

迁徙的味蕾——客家豆腐文化

岁月的沉淀——客家腌菜

血脉的酿造——客家酒文化

日月的浸润——客家茶文化

古老的技法

——盐焗

客家先民赖以生存的地区，包括现在的梅州地区，大都是山高、土薄、水冷、瘴气重，应对这些恶劣的生存环境，食物的保鲜显得尤为重要。祖先们在原住民的智慧里，找到了盐焗的方法，对于肉类，特别是禽肉类的存放最为适合。

霸气的盐焗鸡

鸡，是山里的客家人最容易驯养的家禽之一，于是，盐焗鸡被一代代人传了下来。

柴火、土灶、炒粗盐、裹草纸、炒烫的盐堆，既是烹鸡的热力来源，又是这只鸡唯一的味道来源，如此专一的结合，成就了无比纯粹的美味。

焗，是手段；而盐，才是保鲜、提鲜的智慧运用。

一种古老的烹饪方法能够保留至今，除了怀念，更重要的是美味。

🥣 **制作方法**

（1）选用家养土鸡，将鸡洗净抹干，吊起风干。

（2）用盐在风干好的鸡腹腔内抹匀入底味。

（3）将腌制好的鸡先用半熟的白色宣纸（客家人叫砂纸）包裹，再包一层宣纸品质的草纸。

（4）用柴火灶将粗盐炒热，将包裹好的鸡埋入热盐中焗制，焗好的鸡稍微放凉后，用手拆解装盘。

—❖ 非遗打卡 ❖—

　　2013年，客家盐焗鸡制作技艺（梅江区客家盐焗鸡制作技艺）被列入广东省省级非物质文化遗产代表性项目名录。

　　代表性传承人：杨正

　　店铺地址：总　　店　梅州市文保路7号

　　　　　　　江南分店　梅江一路宝商大厦首层13号

　　　　　　　西桥分店　梅瑶路华达综合楼5号

　　　　　　　丽都分店　丽都西路富都商城10号（客都大酒店对面）

　　　　　　　平远分店　平远县平城南路60号

　　　　　　　蕉岭分店　蕉岭县新东北路90-3号

　　　　　　　兴宁分店　兴宁市兴田路一号448号

　　　　　　　畲江分店　畲江镇畲江大桥头

　　　　　　　雁洋分店　雁洋镇叶剑英公园内（叶帅故居侧）

　　　　　　　丰顺分店　丰顺县汤坑镇罗湖二路33号

　　　　　　　揭西分店　揭西县霖都大道95号之18号铺

─◦❦◦─ 味道链接 ◦❦◦─────────────────────◆

盐焗鸡杂　盐焗蛋品　盐焗海鲜

　　盐焗的滋味，牢牢套住了客家人的味蕾，柴火灶上的一锅炒盐，又怎能只焗一只鸡就完事？首先是被焗了的那只鸡的鸡杂，焗起来简直就是下酒尤物。然后是鸡窝里的蛋，盐焗能让蛋黄沙化，蛋白紧实，绝对不是水煮蛋能做到的。还有虾蟹等海鲜，滚烫的盐粒仿佛是固体海水，穿越了它们的前世今生……

　　不能说盐焗一切吧，起码，在客家菜的烹饪习惯里，盐焗，是霸气的。

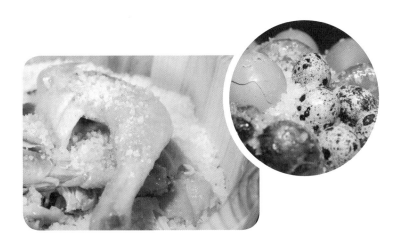

中州的话韵

——拿『拌』喊作『腌』

　　一种风味，在同一方水土上代代相传，这不足为奇。但是，如果一种口味，亦或者说一种烹饪方式，跋涉数千里路，历时千百年，不论时空如何交错，不论山水怎么转换，依然倔强地在灶台上守护着，那只能是因为，这是一种最能让灶台主人的胃腹和心灵感到舒服、感到妥帖的口味。

　　梅州有一种特有的能适应不同水土、不同环境的烹饪方法——看起来明明是"拌"，而梅州人却把它叫作"腌"。

　　"腌"字，在古汉语里面有两种含义，一种是沿用至今的"腌渍"，另一种含义就是对食材"搅拌"的意思。只是很早以前，在汉语的进化过程中，中原的汉语就把"腌"字的"搅拌"功能取消了，它只负责"腌渍"了。但是，离开中原的客家人，却让"腌"字的"搅拌"功能保存到现在。这种在现代汉语里消失了而在客家方言里一直使用的文字，客家话里比比皆是，除了随着一路南迁，和中原主流文化渐行渐远的客观原因外，就这个"腌"字而言，是因为"腌"这种烹饪方法从来就没有离开过客家人的生活！客家人用作烹饪方法的"腌"，主要是指把已经成熟了的食材，离火以后，借着食材的温度，和各种调味料充分搅拌，使之入味的烹调方法。

除了腌面，还有腌牛肉、腌百叶、腌苦荬菜，等等。可见，不论是主食，还是肉食，甚至青菜，客家人都可以用"腌"的方式来料理，而这种料理方式，我们在现在的黄河、江淮流域的好些地方，找到了其基因密码，那就是"温拌"。温拌的料理方式，和客家人的"腌"，如出一辙。令人感到无比亲切的是，这种烹调方式，在中原大地的餐桌上一直坚守到现在！

腌面

客家"腌"的代表作就是梅州的标志性早餐——腌面。

一般认为腌面做法在梅县区和梅江区最为正宗，而大埔腌面和梅州其他地方不同，除了香猪油、鱼露、金蒜粒这些基本调味料，还多了豆芽和肉末，这也许正是陕西、山西等中原地区汤面加肉臊子的习惯延伸呢。

　　"腌面"不仅是腌碱面那么简单，还包括腌米粉、腌小饺子（馄饨）、腌粄皮、腌老鼠粄等。

制作方法

　　腌面大部分选取的是淡碱面，用开水烫熟后捞起入碗，加猪油、炸香的蒜粒和熟鱼露拌匀，即成一碗香喷喷的腌面。所用猪油，是熬好的猪油里加上香葱再轻熬，滚烫的葱香猪油淋在盛有鱼露的大钵里，把生鱼露烫熟，腌面时随腌随用。

———— ꧁ꧏ 非遗打卡 ꧁ꧏ ————

　　2016年，大埔腌面制作技艺被列入大埔县县级非物质文化遗产代表性项目名录。

2020年，梅城腌面烹饪技艺被列入梅州市市级非物质文化遗产代表性项目名录。

代表性传承人：李雅萍

店铺地址：梅州市彬芳大道鸿都雅苑11-305

●一咄 味道链接 咄●

在每个梅州人心里，都有自己心仪的一家腌面店，因为那是自己每天早上最想吃的一口！2017年，梅州市评选出首届梅州十佳腌面店，地址如下，供参考：

- 广东汇客家餐饮管理有限公司梅州客都汇公司（梅水路16号客都汇商业文化广场内4009店铺）
- 梅州市梅县区马图饶记大埔手工面（新县城大新西路3号）
- 梅州市梅江区新飞腾艺术酒店（百花洲新飞腾附近）
- 梅州市梅县区草堂原味餐馆（新县城人民大道怡景豪园）
- 梅州市梅江区围龙屋星园酒店（三角地富奇路186号）
- 梅州市梅县区松林全猪汤饭店（华侨城建设路1-1号店）
- 梅州市梅江区加赠手工面馆（彬芳大道梅园新村MA13栋15号）
- 梅州市兴宁市东街饮食店（兴宁市兴民中学附近）
- 梅州市梅江区佳记客家饮食店（三角镇客天下旅游观光路）
- 梅州市大埔县湖寮镇记得来小食店（大埔县虎中路二巷29号）

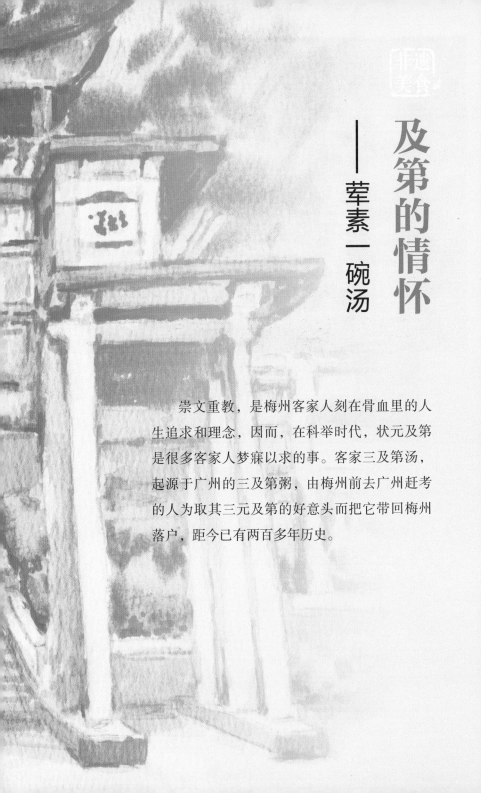

及第的情怀

——荤素一碗汤

　　崇文重教，是梅州客家人刻在骨血里的人生追求和理念，因而，在科举时代，状元及第是很多客家人梦寐以求的事。客家三及第汤，起源于广州的三及第粥，由梅州前去广州赶考的人为取其三元及第的好意头而把它带回梅州落户，距今已有两百多年历史。

蕉岭三及第

腌面煮汤，是客家人"食朝"（吃早餐）的标配，而这"汤"也有很多种，其中三及第汤是首选，还有牛肉汤、肉丸汤和豪横的五及第汤（三及第汤的材料再加上猪心和猪腰）……总之，早餐吃饱，在梅州人这里是完全不在话下的。

蕉岭人的三及第汤，最原始的搭配原本不是腌面而是一碗干饭，随着美食交流的推动和餐饮行业的发展，蕉岭三及第已经走出了蕉岭，和梅城腌面友好结合，也和大埔腌面同桌共坐，安安乐乐，和和美美。

　　有腌面的地方就有三及第汤，它俩是标配。而专营蕉岭三及第汤的店，肯定是在蕉岭本土最正宗，因为那里出产大山里家养的土猪，这是味道的关键。蕉岭三及第制作技艺的传承是集体传承人群，对蕉岭人来说，也是每个人都有一家自己心仪的三及第小店。

制作方法

　　将猪肝、猪瘦肉切成薄片，猪粉肠刮净异物洗净切段，在三样食材中加入本地薯粉（地瓜粉）及红粬拌匀，起锅放入汤水，加咸菜、糟汁，待汤水滚沸时放入猪肝、

瘦肉、猪粉肠并调味，滚至刚熟即盛碗上桌，也可以用枸杞叶等绿叶菜代替咸菜，大埔的三及第汤更多的是用新鲜的野菜来入汤。

▪─▫ 非遗打卡 ▫─▪

　　2015年，三及第制作技艺（蕉岭三及第）被列入广东省省级非物质文化遗产代表性项目名录。

　　代表性传承人、店铺地址：

黄　勇　长潭镇森态源山庄

孙　松　蕉城镇金山街新辉餐馆

刘文雅　蕉城镇镇山路蕉岭中学门口

何清芳　蕉城镇恒塔大道福胜早餐店

伟　林　蕉城镇蕉阳大道中天然酒家

丘　超　蕉城镇恒塔大道雅阁炖品

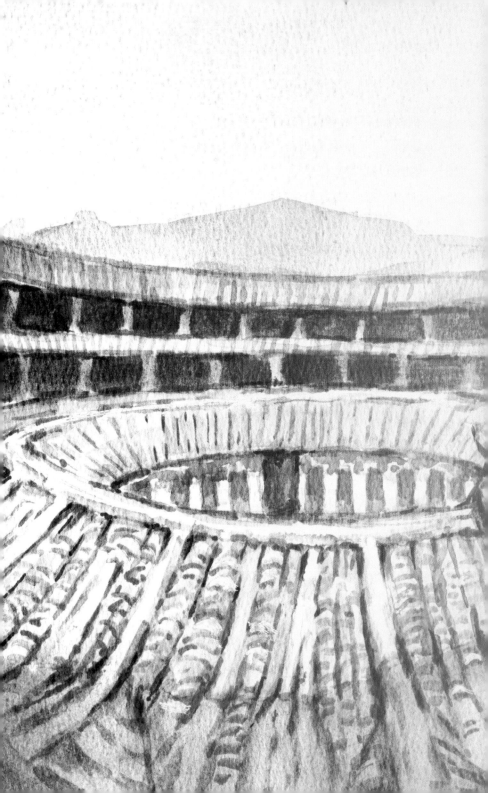

团圆的期盼

——客家圆（丸）

　　不论是离故土渐行渐远的跋涉迁徙时光，还是漂洋过海的下南洋岁月，客家人的生活总是经历着别离和感伤，也因此他们对团圆和聚首有着不一样的期盼，加上客家人虔诚的宗祠信仰和严肃的堂号文化，使得他们对团圆的仪式感非常在意，这也体现在欢聚时的宴席文化上，最突出的一点就是离不开各种"圆"！客家话里，把丸子状的食物都叫作"圆"，一是语言习惯，二是对团圆的期盼。所以，在梅州客家人的大小宴席上，永远离不开各种"圆（丸子）"，而各种肉制"圆"和素菜"圆"的制作技艺，也一直很好地传承了下来。

　　客家肉丸，指的是猪肉丸、牛肉丸和鱼肉丸，其传统制作技艺已经被收录入各级非物质文化遗产代表性名录的，有汤坑牛肉丸、梅西肉丸和丙村开锅肉丸的制作技艺。

汤坑牛肉丸

　　汤坑，是丰顺县的县城所在地，而丰顺是潮汕平原和客家山区交界之处，有人讲客家话也有人讲潮州话，因而这里的饮食文化有着浓厚的潮客交融的特点。背靠大山，离海又不那么远，山有山珍，海有海味，食材相对要丰富许多。说到牛肉丸，人们可能对潮汕牛肉丸的印象更深，特别是近几年来，潮汕牛肉丸的知名度提升得很快。这里面有则史料信息：潮汕牛肉丸的制作技艺，其实是梅州客家人在一百多年前下南洋时期带到汕头去的。那时汕头港码头附近是繁华之地，很多客家华侨在那里购置商铺，其中就有梅州大埔人在那里开店做牛肉丸。大埔全境都是讲客家话的客家人，但是当时大埔是隶属潮州府的，而繁华的汕头埠，是客家华侨人、财、物的流转地，吸引了不少大埔人在那里做生意。没想到，手打牛肉丸这种技艺一直留存在了当地，成了当地的一项传统技艺，这也是潮客一家亲的一个见证吧。

不过，和潮汕牛肉丸经过了百多年的口味融合、技法调整不同，客家的牛肉丸，包括猪肉丸的制作技艺却一直没有改变。客家人的饮食离不开"圆欸"——丸子，这种没有断代的技艺传承最大限度地保留了客家人对肉丸这种美食的口感要求和风味记忆：首先必须是肉香扑鼻的，也就是添加成分极少；然后吃起来的口感是绵软却又柔韧的，不喜欢有脆度的肉丸，也不需要爆浆的感受。

　　这就是风味吧，各有不同，在一方水土上代代相传，口味和技艺并存。

　　牛肉丸在汤坑最地道的吃法是和当地另一种特色美食粄条一起煮成香气四溢的牛肉丸粄汤。在汤坑的街头巷尾，很容易寻到吃牛肉丸的小店；在各种档次的食肆里，也一定有牛肉丸的身影；在家家户户的厨房里，它也是常客。

🍚 制作方法

　　取刚刚宰杀好的牛背部或者后臀瘦肉，快刀剔除肥肉、筋膜，将肉切成肉片，然后放入冰箱中稍微冷冻一下，这样既保证肉质新鲜，又可以预防制作过程中因用力过猛使器械温度过高而影响肉质和口感。汤坑牛肉丸分手工和机打两种，手工捶打的牛肉丸，保留在丸子里的纤维较多，口感更佳，但是抡着两条数斤重的棒槌，打20多分钟才能完成一锅肉丸，无法更多的满足食客的需求，因此现在更多的是用机械搅打，将牛肉倒入机器后，又放入了适量的薯粉和盐，机器一开动，很快便成了肉泥。

·〓 非遗打卡 〓·

　　2013年，汤坑牛肉丸制作技艺被列入梅州市市级非物质文化遗产代表性项目名录。

　　代表性传承人：蔡辉程

　　店铺地址：丰顺县汤坑镇锦江美景城A区老售楼部沿江34-38号商铺

梅西肉丸

　　现属梅县区的梅西镇，肉丸的制作技艺有着悠久的历史。这门手艺也成为不少梅西人外出谋生的手段，在梅州城区的一些菜市场，开档卖肉丸的，好些都是梅西人，或者跟梅西人学的手艺。梅西肉丸的制作技艺，有猪肉丸和鱼丸两种。

　　鱼丸在梅西则是和水土更加契合的产物，又叫"浮水鱼丸"，其制作技艺始于南宋时期。

有史料记载：文天祥在家乡江西集义兵以勤王抗击元兵，南撤经过梅西时，乡绅以鱼丸带汤奉上，文天祥吃后赞曰"水中之鱼有此吃法，应为人间至味"。梅西河塘水库资源丰富，鱼类食材自然较多，其中，梅西水库始建于1958年，这里水质清澈，群山环抱，所产的鲩鱼是制作"浮水鱼丸"的首选食材。

猪肉丸制作方法

　　选用本地刚屠宰的猪后腿瘦肉，手摸肉质要有正常的体温，不能用水洗，先用刀将猪肉切成小片后，进一步去筋，加入佐料后再用特制的铁棒进行捶打，力道要遵循先强后弱、先快后慢的原则，直至将猪肉捶打成有黏性。然后用手捏成1.4厘米左右大小的丸子，放置于冷水中浸泡，然后放入沸水中至肉丸浮出水面即可捞起。

鱼丸制作方法

选用3～5斤大的鲩鱼，片出两片鱼身，放在水里泡一下，让鱼肉组织疏松，便于剔鱼肉。鱼丸师傅按鱼的纹路逆着剔，先把完整的鱼骨拔出，再娴熟将细小的鱼刺一根根挑出，然后将鱼肉剁成肉泥，加入一定比例的凉粉、水、盐和花生油，用手顺着一个方向用力搅拌摔打至少1小时，这样"甩"出来的鱼丸才好吃，手工鱼丸好不好吃，全看手上功夫。手打好的鱼糜用调羹在手里挖成成形的鱼丸，然后放在80℃的水中浸泡，提升肉丸的爽脆口感，当见到鱼丸浮在水面上，莹白圆润时，就说明鱼丸制作成功。这也是"手工浮水鱼丸"的名字由来。

━═ **非遗打卡** ═━

2009年，梅西肉丸制作技艺被列入梅县区县级非物质文化遗产代表性项目名录。

寻味推荐：梅西镇运祥草鱼店，手艺人叫张运祥。

丙村开锅肉丸

丙村开锅肉丸，是客家著名八大丸之一，是客家特别是梅县区城乡宴席菜的必上榜单，深得百姓的喜爱，成为许多外出游子的家乡记忆。

想要制作口感弹牙又滑糯的开锅肉丸，最重要的环节是选材，要选用猪前膈髻顶肉，这是客家话的叫法，其实就是猪梅头肉，这种肉肥瘦比例适中，瘦而不柴，肥而不腻，这样蒸出来的肉丸肉质才鲜嫩。将肉切成厚薄均匀、大小适中的碎粒，切成筷子头般大小最佳，再加入当地的薯粉、鱿鱼碎粒、香菇碎粒、葱白粒，调味就是盐和胡椒粉。这里面，薯粉（地瓜粉）很重要，一定要用丙村当地的地瓜粉，这也是丙村开锅肉丸出名的重要原因，只用盐和胡椒粉调味，才能吃到满嘴的肉香。当然，这就要求肉质必须特别好才行。把所有食材捏成乒乓球大小的丸子上锅旺火蒸20分钟，一定要开锅即上桌。这样制作出来的肉丸肉香浓郁，粒状的肉感让人无限满足，唇齿留香，谓之"开锅"肉丸。

──◆❏❐ 非遗打卡 ❑❒◆──────────────

　　2016年，丙村开锅肉丸制作技艺被列入梅州市市级非物质文化遗产代表性项目名录。

　　代表性传承人：李尧君

　　店铺地址：丙村镇群新三大圆店

　　群新三大圆梅城分店：法政路分店、东山大桥分店、裕安路分店、华侨城分店

山水的精灵

—— 粄欸

有人说客家人的粄，是因为思念中原的面食而用米粉来替代面粉，这应该只是一种情感上的投射而已。梅州古称嘉应州，这个名字是乾隆御赐的，就是因为设州之前，这里的稻米早已是朝廷贡米，而且是岭南地区品质和产量最好的稻米，被称为"嘉禾"，乾隆因"嘉禾"而为这里取名嘉应州。

　　梅州的水稻种植有两千多年的历史，原住民之一的畲族人，就非常善于种植水稻。这里的气候和水土也适宜多种稻米生长，在历代的地方志里面，都有当地稻米种植的明确记载，粳稻、黏稻、糯稻及本土原生稻（禾米），当地人都有丰富的种植经验。这么多种类的稻米，韧性不同、口感不同，为梅州丰富的粄食文化提供了物质基础，然后是客家人的生存经验和智慧，成就了梅州客家人舌尖上的美食。梅州的粄食文化非常丰富，有带馅的，笋粄、忆子粄、酿粄；有可饭可菜的，味酵粄、黄粄，除了直接当主食或点心吃，还可以炒着吃；有喜气洋洋的甜粄、发粄；有药食同源的艾粄、清明粄和药粄；有米粉和芋头粉混合的算盘子，还有米粉和番薯粉混合的薯粄……这些粄食，既是客家人的记忆，也是客家人的家常，数百年来都没有离开过客家人祭祖的神台、喜庆的宴席和家庭的餐桌，一盘一碗，从舌尖端到心间。

　　有一些非遗项目，暂时没有符合条件的代表性传承人，也就没有传承人店铺可以推荐，以下介绍的粄类美食，除了在当地的小吃店或作坊店能吃到以外，在梅州市区的围龙屋星园酒家全部都能品尝到，他们是《梅州客家菜烹饪技艺》项目的保护单位，他们推出的非遗宴里面，这些粄类食品都有呈现。

味窖粄

　　味窖粄是梅州客家传统小食，民间习惯丰收之后，用新米磨味窖粄慰劳全家，有庆丰收的意思。

　　味窖粄吃法多样。蘸吃：用黄糖和少许酱油熬成"红味"，或用蒜仁、辣椒、盐煎调成"白味"，把"红味"或"白味"放进粄碗中，用竹签划成小块蘸吃，前者香甜，后者香辣。炸吃：把面粉调成糊，粄切成两块放入糊中均匀拌于表层，放入滚沸的花生油锅内炸熟后捞起，配以"红味""白味"、蒜蓉辣椒均可，各具风味。炒吃：把碗粄切成小块，配以肉丝、鱿鱼丝、香菇、葱花等配料炒熟后盛入盘中，撒上胡椒粉即可，味道甚佳，客家酒楼、餐馆喜欢采用。

🍜 制作方法

将大米浸透磨成米浆，配以适量土碱（枧沙），盛入小碗用旺火蒸至面周围膨胀，中间成窝形时即可，中间的窝，就是"窖"的意思，蘸料会"藏"在这个窝里。

―-⌨ 非遗打卡 ⌨―――――――――――――――――――――――

2007年，味窖粄制作技艺被列入梅江区县级非物质文化遗产代表性项目名录。

寻味推荐：梅州市华南大道围龙屋星园酒家、梅州各地农贸市场。

　　蒸甜粄是客家传统节日吉庆食品，也是梅州客家人传统祭祀品，寓意甜甜蜜蜜、步步高升。人们习惯在每年的农历十二月二十五至大年三十蒸"甜粄"，等到年三十敬拜了天地神明、祖公上代以后，由当家主妇把甜粄切成四方块，年初二"转妹家"（回娘家）时赠送亲友。

　　因甜粄多用甘蔗刚熬出的糖汁（称油糖，呈

红褐色）制作故甜粄也呈红褐色。在整个春节期间，甜粄除用作祭品敬神以外，还可作为礼品馈赠亲友。食用时切成厚片，或蒸或煎，香甜可口，喜气洋溢。

🍲 制作方法

将新糯米（掺入少量粳米）浸透，用石磨细磨成米浆，用布袋装起榨干水分后，倒入用红糖熬成的糖浆和匀后反复揉搓成团，放置一段时间再反复搓揉，把大铁锅里的水烧开，在洗净的竹簸箕内垫上豆腐皮或预先洗净烫软的香蕉叶，放入搓好的"甜粄"，铺成5~6厘米厚后用手反复拍打密实后放入锅内，烧柴中火蒸4~5小时，蒸熟透后拿出来放上粄架，放凉即可。

▪▫ 非遗打卡 ▫▪

2007年，蒸甜粄制作技艺被列入梅江区县级非物质文化遗产代表性项目名录。

寻味推荐：梅州市华南大道围龙屋星园酒家、梅州各地农贸市场。

　　艾草，既是客家人入馔的野菜，也是客家人常用的中草药，用艾做粄，滑嫩爽口、口味清香、补而不燥，是客家人"艾食"中的重要一员。

制作方法

　　将浸透晾干后的糯米和艾叶混在一起碾或放入石臼用木槌捶捣并过筛

成粉。将糯米艾叶粉加入适量的盐或糖和沸水反复搓后，制成小团压扁，再用双手拍打制成板，放在垫有香蕉叶的竹箅上蒸熟后即可。

—⌐囧 非遗打卡 囧⌐—

　　2016年，大埔艾粄制作技艺被列入大埔县县级非物质文化遗产代表性项目名录。

　　寻味推荐：大埔县胡寮镇小吃文化城、梅州市华南大道围龙屋星园酒家、梅州各地农贸市场。

清明粄

　　清明节，既适合踏青，又恰逢祭祖扫墓，节期在仲春与暮春之交，既是自然节气点，也是传统节日，清明节人人吃清明粄的习俗在客家地区代代相传。

　　清明粄不是简单的艾粄，除了艾叶，还加入了多种青草，如苎叶、使君子、鸡屎藤、白头翁等。除了具有一股特有的青草芳香，民间还认为，清明粄性温可祛风祛湿，如加有使君子叶

的，还可驱除肠道寄生虫，具有一定的药用保健功效，因而又称它为药粄。最适合清明节前后湿度大的季节食用。

——✦ 非遗打卡 ✦——

2007年，清明粄制作技艺被列入梅江区县级非物质文化遗产代表性项目名录。

寻味推荐：梅州市华南大道围龙屋星园酒家、梅州各地农贸市场。

发粄又称酵粄、笑粄，农村逢
年过节都有制作此粄。因发粄开锅时
表面开裂如花，状似笑脸，象征着家
庭吉祥如意，所以客家人把它看成来
年家庭和顺的象征，同时又寓意兴旺
发达，更是深得人们喜爱，还把它当
作为拜年礼品和祭祀供品。

 制作方法

制作发粄用的主要食材有黏米、

红粬、酵种、红糖。取黏米碾成粉，再直接加入适量的水搅拌成浆，把板浆放进缸钵中加入红糖水及适量酵种搅拌均匀，经过约10小时的发酵，然后用勺舀到蒸笼里的小瓷杯里，用猛火蒸熟透即可。

━━ 🏵 非遗打卡 🏵 ━━━━━━━━━━━━━━━━━━━━━━━━━

　　2016年，西河发粄制作技艺被列入大埔县县级非物质文化遗产代表性项目名录。

　　寻味推荐：大埔县胡寮镇小吃文化城、梅州市华南大道围龙屋星园酒家、梅州各地农贸市场。

碗子粄

碗子粄在丰顺是一种作为馈赠亲友的新年礼物。送人的碗子粄一般一份以四、六、八、十、十二的偶数为吉祥数字。碗子粄制作过程和发粄差不多，蒸制良好的碗子粄外形精致，底部光滑完整，顶部膨胀开裂像一朵盛开的花朵，这就是人们常说的、也是最希望的"笑"了，一锅"笑"裂几瓣的碗子粄让人看了心情愉悦，吃了心里更是甜丝丝的，最重要的是它的"笑"预兆来年阖家过上平安顺利、生意大发、笑口常开的美好日子。碗子粄作为一种吉祥物，历来备受人们的喜爱。

●━◁ 非遗打卡 ▷━●

2007年，碗子粄制作技艺被列入丰顺县县级非物质文化遗产代表性项目名录。

寻味推荐：梅州市华南大道围龙屋星园酒家、丰顺各地农贸市场。

笋粄

　　笋粄是大埔传统的客家小吃之一，很受大埔人欢迎，男女老幼都能食用，特别是海外华侨回到大埔都要品尝一下家乡的笋粄。大埔县内盛产制作笋粄的原料毛竹竹笋和木薯粉，竹笋一般用新鲜的冬笋，薯粉则用木薯粉碎过滤漂的粉，称为木薯粉。

　　制作方法

　　笋粄的制作分为粄皮和馅子两部分。粄皮

以木薯粉为原料，用开水拌和揉搓成柔韧的小团，碾薄成圆形板皮；馅子则以鲜笋为主，配以猪肉丝、虾米、鱿鱼丝、香菇、胡椒粉、食盐、味精等，放进锅内焖熟便成肉馅。然后用板皮包住肉馅，捏封口成半月形，放进锅内蒸熟便成笋板。

—— 非遗打卡 ——

2016年，笋板制作技艺被列入大埔县县级非物质文化遗产代表性项目名录。

寻味推荐：大埔县胡寮镇小吃文化城、梅州市华南大道围龙屋星园酒家、大埔各地农贸市场。

忆子粄

相传在明朝时期，大埔某地有一位妇女，儿子在郑成功手下当兵，久未归家。母亲思念儿子，每逢中秋节之夜，都会做一种儿子在家时非常喜爱吃的粄，摆在月光下，遥祝儿子平安、早日归来。春去秋来，又是一年中秋之夜。母亲把粄摆在月下，正思念间，儿子突然回到家中，接过母亲手中的粄，母子喜庆团圆。此粄因

而得名忆子粄。

 制作方法

（1）用糯米粉加开水和成团，揉搓至软韧适中，然后分成小团，撒上适量的生粉，压成粄皮。

（2）制作馅料，以猪瘦肉粒、鱿鱼丝、豆腐干、葱白、香菇、虾米等为原料，加上适量的食油、酱油、盐、胡椒粉等，放进锅中焖至熟透为之馅。

（3）将粄皮做成圆柱形，将馅料放进粄皮里，扎成四方立体形，用棕叶涂上食油包好，放进蒸笼，用猛火蒸熟即可。

━━ ꔫ 非遗打卡 ꔫ ━━━━━━━━━━━━━━━━━━

2016年，忆子粄制作技艺被列入大埔县县级非物质文化遗产代表性项目名录。

寻味推荐：大埔县胡寮镇小吃文化城、梅州市华南大道围龙屋星园酒家。

粟粄和薯粄

粟粉和薯粉是客家人生活困苦时代的廉价粗粮，做粄口感和味道更好，是粗粮细作的一种方法，现在成了人们追求健康的可口小吃。其实在民间，许多食物都是这样，在不同年代有着不同的美食身份和价值，才使得这些美食的制作技艺得以留存。

粟粄制作方法

将粟米碾成粉，加入清水、盐或糖搓揉成

粄团，分小团用双手拍打成椭圆形，然后将粄放算里蒸熟即可。

薯粄制作方法

薯粄是用一种紫色的形状奇怪的大薯磨成粉做的，因其本身有黏性，所以不需额外加其他淀粉来增加黏性。先准备一个大薯（分紫色和白色），去皮洗净后用工具磨碎；然后在磨碎的大薯里加入鸡蛋、盐、酱油、葱花等调料搅拌均匀，待油热时放入锅里煎，煎至表面呈金黄色即可。吃时蘸上蒜醋汁，香甜爽口，风味独特，深受当地及周边地区群众的喜爱。

　　薯粄以其独特的风味和风格远近闻名，成为汤坑名小吃之一，在当地摆宴席、招待客人，都少不了薯粄。

—❦ **非遗打卡** ❦——————————————————————————●

　　2007年，薯粄制作技艺被列入丰顺县县级非物质文化遗产代表性项目名录。

　　2016年，粟粄制作技艺被列入大埔县县级非物质文化遗产代表性项目名录。

　　寻味推荐：大埔县胡寮镇小吃文化城、梅州市华南大道围龙屋星园酒家、大埔农贸市场、丰顺农贸市场。

黄粄是客家人非常喜欢的传统小食，客家人对黄粄喜爱有加，金灿灿的外表，淡淡的清香，韧中带爽，让人回味无穷。加入护肝、利胆的黄栀子，既是黄色的来源，对于长期居住"雾潦炎热之地"的客家人来说，又可以起到驱邪除湿的功效。但是由于原材料来之不易，加上制作工艺繁杂，如今只有平远和兴宁等地山区农

黄粄

村还保持着制作这一传统风味小食的习惯。

正宗的客家黄粄一定要选用粳米制作。粳米，客家人俗称禾子米，属于大米的一种，比精白米更有营养，糯性介于黏米和糯米之间，最适合做黄粄，但是产量很低，因而种植的人很少。

黄粄具有健脾消食的功效，吃法多种多样，可切成小块，撒上一些白糖吃；也可用葱、姜、香菇、盐等配料制成香气扑鼻的酱料，把黄粄蘸着酱料吃；还可将黄粄炒着吃或煮鸡汤吃等。

制作方法

提前将粳米（禾子米）浸泡一晚，洗净后放到饭甑里蒸50分钟，倒出来，加入晒干了的黄权树枝和布惊树叶烧成的灰水（需过滤），一并放到石臼里，用木杵猛捶，大约捶60分钟，直到蒸熟的禾米饭松软之后才能停止。最后，从石臼中拿出来，把它做成大小不一的舌条状即可。

─◆◄▷ 非遗打卡 ◁◁─────────────────────◆

2009年，平远黄粄制作技艺被列入梅州市市级非物质文化遗产代表性项目名录。

代表性传承人：刘新明

店铺地址：平远县大柘镇新建路新明食品有限公司

2014年，兴宁黄粄制作技艺被列入梅州市市级非物质文化遗产代表性项目名录。

寻味推荐：当地超市、农贸市场。

药粄

五华县大布村药粄已有七百多年历史。

七夕节，又称乞巧节，在这一天，五华大布村的每家每户除了置办丰盛的家宴款待亲友外，还有一项必不可缺的，那就是做药粄吃。

制作方法

药粄是由鸡屎藤、尖尾枫、苎叶、香苏、牛膝头、莨心蛇、野艾、糯米粉等材料制作而成的，做法较为复杂。首先将草药洗干净、晒干、去梗留叶，然后将叶用石碓舂烂，碾磨成粉；接着与湿糯米粉、煮沸的糖水拌匀。粄坯制成后需自然发酵一个晚上，使其充分发酵，增加粄坯的韧性；第二天将粄坯翻松搅拌后就可用雕花木制粄印把草药团制成精美典雅的形状，最后入锅，隔水蒸熟即可。蒸出来的药粄色泽墨绿，咬上一口，便是满口草药的甘香。

─ 非遗打卡 ─

2020年，大布七月七药粄制作技艺被列入梅州市市级非物质文化遗产代表性项目名录。

代表性传承人：李庆泉

店铺地址：五华县水寨镇科技街小绵羊饭店

迁徙的味蕾

——客家豆腐文化

中国是大豆的故乡，中国栽培大豆已有五千年的历史，同时也是最早研发生产豆制品的国家。关于豆腐的起源，学界有数种说法，但是有一点是一致的：到了宋代，豆腐在中国得到大规模普及，各种豆腐制品和豆制品随之出现。而这也正是汉人第三次迁徙、客家民系开始形成的时期，客家先民在那数百年间，辗转于湖北、安徽、江苏及鄱阳湖一带——历史上豆腐的起源地，因此，我们有理由相信，客家先民在那里掌握了成熟的大豆种植和豆腐制作技艺，这足以让他们当中的一些人，把豆腐制作技艺历练成了家传的手艺，随着南迁的脚步，他们把这些技艺带到了客家人之都——梅州。

据1999年出版的《梅州市志》记载，梅州各地种植大豆有近千年历史（《梅州市志》第750页），这正是宋朝时期。而且大豆在种植业中占有重要地位，当地人普遍利用"五边地"种植，即田边、塘边、圳边、路边、屋边。"古来百巧出穷人，搜罗假合乱天真。"苏东坡认为，豆腐这种"乱天真"的食品，出于穷人之手。的确，从种植大豆，到磨豆、煮浆，都离不开劳动人民起早贪黑的辛苦劳作，而豆腐这种相对低价的食材，也是普通百姓能享用得起的，它依素借荤的能耐，成就了灶台餐桌和民间宴席的美味佳肴。所以，在梅州，它一直没有离开过人们的食物圈，并且衍生出了丰富的客家豆腐文化。

在《舌尖上的中国》里，曾用了很大的篇幅解说豆腐的前世今生，其中梅州至今还留存着两种比较独特的制作方式。一是让人视觉震撼的毛豆腐，通过对温度和湿度的精准拿捏，让豆腐长出长度不一的菌丝，如雪线般晶莹剔透，这些附着菌丝的豆腐在油锅里煎炸，成为当地人欲罢不能的美味，而这种制作技艺，千里跋涉来到梅州后演变成了平远仁居的红菌豆腐头和五华岐岭的毛糕。只不过红菌豆腐头和毛糕是用豆腐渣代替豆腐来温养菌丝罢了。二是在《舌尖上的中国》豆腐篇里，还有一个场景让人印象深刻，就是制作者用一块块小块的纱布，不厌其烦地包裹出一小块一小块的豆腐，再进行压制，而不是我们经常看到的整板豆腐的压制方法。

今天，在兴宁大坪镇的布骆村，宋太祖时期从淮南一路迁徙至此地的杨世家族，就把这门手艺传了下来，这就是远近闻名的大坪布骆包子豆腐。这三个地方豆腐的独特制作技艺，都是家传，都离不开本土，这除了谋生技能秘不外宣的原因，家门口那口井的水质也是关键所在。这三种豆腐的制作，和其他七种豆腐制作技艺一起，都已列入非物质文化遗产代表性项目名录。而由这些不同技艺制作出来的不同型制的豆腐制品，在梅州产生出了种类繁多的豆腐菜肴，不论食物多么丰富，美食怎么裂变，始终都有豆腐的一席之地，可能是因为，在豆腐寡淡的滋味里，人们可以任意烹入对过往岁月的味觉回忆吧。

五华酿豆腐

　　说到梅州客家美食，在各个平台搜一下，五华酿豆腐一定会出现在你眼前，这里说明两个问题：一是豆腐文化在客家美食文化里不可或缺；二是在梅州的客家酿菜中，五华酿豆腐名气最大。

　　秦汉时期，大豆跟随着秦汉王朝统一岭南的步伐，或作为民众的主粮，或是充作军粮，与北方军民一同南下，跨过长江，越过南岭，率先传播并栽种到了五华狮雄山（今五华华城）秦汉城址地区。
后来，随着宋朝客家人的大规模入粤，豆腐制作技艺也相
继传到了狮雄山下，而那些从北方南下、远离中原故乡数
百年的军民后裔们，在吃上岭南鲜嫩豆腐的同时，尝试着
仿照包子、饺子和馄饨等面食做法来加工豆腐，不知何时
起，就有了酿豆腐。

　　除了五华，在梅州其他地方的酿豆腐，百姓家庭大都
会选用盐卤豆腐，一来对水质的要求没那么苛刻，二来相
对更不易碎，比较容易酿。馅料则是多种多样，有韭菜入
馅的，还有生蒜末入馅的，各得其所，随着人们生活水平
的提高，干鱿鱼、鲜活的海鱼、海虾也加入客家酿豆腐的
组合中来。

　　自从有了酿豆腐这道菜，它就没有离开过客家人的餐
桌，不论是酒家食肆，还是街头摊档，都有酿豆腐售卖，
它不但是风味独特的传统菜肴，更是物美价廉的大众化美
食，客家人招待宾客更是少不了一钵酿豆腐，客家话"豆
腐"和"头富"谐音，是好意头的菜。但是，在梅州客家
人的婚宴上，是不会出现酿豆腐这道菜的，原因是：每块
豆腐都是有角的，客家话把一块一块豆腐的摆放状态叫作
"角打角"，谐音"各打各"，各顾各，不粘在一起的意
思，这肯定是婚姻大忌了呀。

　　酿豆腐，一个是看豆腐品质，另一个是看酿的馅料和
技巧。

　　水，是五华豆腐的决定因素。五华人说，离开这里

的水，做出来的就不是五华豆腐。五华地区多山泉，泉水尤为清澈，这里的豆腐都是嫩滑的石膏卤水点成的山水豆腐，用来"酿"的豆腐要用浓卤水催化过，才会质地坚实而幼嫩，外表美观而且味道特香。嫩，是五华豆腐的最大特点，但是，嫩，也给"酿"带来了极大的挑战。

🍲 制作方法

馅料的选料有讲究，最传统的五华酿豆腐的猪肉馅料要选猪头梢肉，即杀猪时用尖刀插进猪体内部位的肉，或称猪颈肉，头梢肉看似白色肥肉，但是吃起来完全不腻，并且容易捣烂，关键是它的黏性适中，熟后入口即溶，所以聪明的客家人把它作为上乘的馅料。肉馅的配料多用大乌咸鱼，把大乌咸鱼去头去尾，刨去外鳞，放入油锅炸熟，再取净肉，用刀板压成粉状，放入新鲜生油搅成糊

状，和肉馅一起拌匀，这是酿豆腐的顶级馅料，若无猪颈肉，也可用四肥六瘦的五花肉，加入粉状大乌咸鱼肉馅配料。要想把肉馅塞入吹弹可破的嫩豆腐而不让豆腐破裂，是非常考究两只手功夫的。

酿好的豆腐烹饪过程也要心细手巧，家庭烹饪一般用小锅，小锅容易提起转动掌握火候，先放油加热润滑锅壁，然后把一块一块的酿豆腐露馅一面贴锅壁加热，这种不加水直接贴锅加热方法，客家人俗称"烧"。"烧"豆腐时应把锅四面转动，当锅里豆腐露馅一面"烧"成微赤色时，往锅里加水，其量约占整锅豆腐的三分之一面积，加盖煮熟，即将出锅时将豉油调制的生粉芡均匀洒在锅里豆腐面上，五华俗语"豆腐酿了莫俭（舍不得）豉油粉"，然后迅速放入土泥砂锅里面，撒适量葱花，用文火慢炖煮沸，整个酿豆腐便大功告成。

━━━ 非遗打卡 ━━━

2014年，五华酿豆腐制作技艺被列入梅州市市级非物质文化遗产代表性项目名录。

代表性传承人、店铺地址：

张志雄　五华县水寨镇滨江中路陶园居

钟远妹　五华县转水镇黄龙村布心片

曾成汉　五华县水寨镇华一东路

大坪布骆包子豆腐

　　大坪，是兴宁市的一个镇；布骆，是大坪镇的一个村。与普通豆腐做出一大块后切成小方块不同，这里制作的豆腐，在制成豆腐花后，定量用小纱布包起来，并放在定制的方格里压水定型，因此被称为"包子豆腐"。

　　据《兴宁县志》和《兴宁杨氏族谱》记载，大坪布骆包子豆腐制作技艺始于明洪武年间，杨氏八十六世靖公所创造流传。起初是用饭碗塑形，后来改用小木框做模具，传至清乾隆年间制成了现在的包子状的豆腐。

清嘉庆年间，布骆村大榕树下有杨志恭、杨毓球、杨咸标等人的豆腐作坊，大坪圩有"福记""毓记"豆腐店；清道光年间，有布骆人到兴宁境外的五华、老隆、韶关等地开豆腐作坊。至民国时期，更是家喻户晓，名扬粤东，制作技艺代代相传。改革开放初期，大坪布骆包子豆腐制作人杨汉古在深圳开豆腐坊，因豆腐品质优异，在2000年的时候，他的豆腐坊就已达到每月两万元的收入！

随着人们对传统手艺和古早味道的追随越来越执着，大坪布骆包子豆腐制作技艺的传承日渐兴盛。目前，在大坪镇，豆腐作坊多了起来，产品畅销广州、深圳、东莞、梅州其他各市和兴宁本地，外地人来兴宁必定要尝尝大坪布骆包子豆腐。逢年过节，要想买到布骆包子豆腐，必须提前一个月定购。

🥣 制作方法

大坪布骆包子豆腐的制作十分注重选料，需选择上好的大豆、清甜的山泉水和优质的卤水来制作。在制作工艺上有手工推磨、细布过滤、柴火煮浆、柔慢调制、小块压水等步骤。豆浆一定要磨细，豆渣一定要过滤干净，同时也要掌握好豆浆的温度和卤水的用量及调制速度等。每一道工序都十分讲究，选黄豆要有丰富的经验；滴卤水时太快不行，容易老，没那么嫩；包豆腐时量也要拿捏得准，豆腐块的大小一般是6厘米×6厘米×2.5厘米，正是在"包豆腐"的过程中，让汁水更好地融入豆腐里，从而使豆腐更鲜嫩。没有十几年以上的经验，做不出好的布骆豆腐。因为工序复杂而烦琐，做布骆豆腐从磨豆子到最后成型，需要9小时。为了让客人早上就能吃到最新鲜的豆腐，豆腐匠们每天凌晨2点就要起床做豆腐，直到上午11点才能将豆腐做好。

布骆豆腐的烹调方法有酿豆腐、焖豆腐、煎豆腐、沙煲豆腐、清水豆腐，还可用来卤豆腐或制成豆腐干等，各随所爱。

—🞂🞂 非遗打卡 🞀🞀 ————————————————————●

2017年，兴宁大坪布骆包子豆腐制作技艺被列入广东省省级非物质文化遗产代表性项目名录。

代表性传承人：罗良华

店铺地址：大坪镇布骆村大坪布骆包子豆腐传习所

砣子豆腐

　　在梅州，豆花放入小方格，单独布包压制成型的豆腐，除了兴宁大坪布骆包子豆腐，还有梅县松源的砣子豆腐。

　　因为豆腐成品方方正正、结实饱满，小方格压出的豆腐很像一个个秤砣，因而被当地人称作砣子豆腐，松源口音"砣子"和"桃子"发音相似，又被有些人叫作桃子豆腐，其实豆腐本身和桃子全无关系。

　　砣子豆腐和梅州其他地方的豆腐相比较，除了外形不太一样，还有它本身自带的咸味，而这种来自豆腐表面的盐卤汁，使得砣子豆腐煎出来金灿灿的，好吃又好看。

　　五花肉蒜苗炒豆腐、清蒸豆腐、酿豆腐、豆腐蒸排骨等都是松源人最喜欢的砣子豆腐吃法，由于自带咸味，现在很多年轻人还喜欢直接把砣子豆腐放进微波炉或烤箱里，焗烤着来吃，豆香味十足。

🍜 制作方法

　　洗豆、浸豆、磨豆、煮浆……做砣子豆腐离不开一般做豆腐的基本工序，而煮好的豆浆要加盐卤，冲豆腐花时就要格外小心，一定要少量多次加入，边加入边搅拌，每隔5～10分钟就要往豆浆里添加一次"盐卤"，一般要加7次以上豆浆才能沉淀成豆腐花状态，这个过程至少需要1小时。待豆腐花呈现出稳定的状态，就要开始包豆腐了，一勺一勺地将沉淀好的豆腐花舀入纱布中扎好，放入模具中，豆腐花要在未冷却之前倒进模具，不然会影响豆腐做出来的口感，所以动作要快，速度要把握好。制作砣子豆腐需要专用的模具，每格大小为4厘米×4厘米，做出来的豆腐大小基本一致。要层层压住，才能压得更实，更好成形。这也是制作砣子豆腐比制作一般豆腐更加费时的原因。

　　做好的砣子豆腐，还要用盐水焯10～12分钟，待豆腐浮起来，捞起，降温晾干水分。这样一来，豆腐自身带有咸味，表面呈淡淡的金黄色，十分诱人。

─ ╬ 非遗打卡 ╬ ─────────────

　　2019年，砣子豆腐制作技艺被列入梅县区县级非物质文化遗产代表性项目名录。

　　寻味推荐：松源圩镇、梅城各农贸市场。

松源五香豆干

　　除了自带咸味的砣子豆腐，在松源镇，还
有一种流传更广、名气更大的豆腐制品——五香
豆干。

　　松源镇位于广东福建两省三县交界的地方，
这里物产丰富，自古以来就是商贸集散地。有着
数百年历史的五香豆干，通过多种贸易渠道远
销周边省市，如今又通过电商平台，销往全国
各地。

松源五香豆干可以当作零食吃，又香又有韧劲，还可以配其他肉菜炒制，是当地人家里常备的食材。

制作方法

选料自是严谨，松源五香豆干据载有几百年历史，手工艺人对原料黄豆的选择有着丰富的经验。

磨浆，先将黄豆洗净，用清水浸泡7~8小时，使黄豆膨胀，然后磨成浆，滤渣后备用。石磨的发明，让中国人告别了大豆直接嚼食的时代，豆制品应运而生。如今，随着科技不断发展，人们又陆续告别了石磨，各种机械研磨工具层出不穷，机械磨浆，豆渣分离，做出来的豆干口感上更加细腻。

磨浆后是煮浆，接着是点卤水，又叫作打花。点卤水的成败全凭手艺人的经验。卤水点多容易让豆腐发老，太少豆浆又不易形成豆腐状态。做好的豆干有无韧劲全看点卤水这一步骤。点好卤水后盖上木盖，焖30分钟左右，让豆浆结块变成豆腐花。

接下来是"落格"，豆腐花成型后，用直径约10厘米的圆形勺子舀进事先放好白纱布的漏斗木格中。这道工序需要3个人共同完成，一个人摊好纱布，一个人舀，一个人包。格板层层叠加，最上面使用工具对包扎好的豆腐施加压力，进行脱水定型处理。待脱水完毕后将纱布与豆腐脱离，形成豆干。

趁豆干尚有余温，取两块豆干的滑面蘸五香粉（盐、花椒、八角、肉桂、陈皮等），互相摩擦，然后再加上另外一块豆干，同样涂抹上五香粉，叠压一段时间使其入味。

炭火烤制是形成松源五香豆干特殊味型的一步。传统的方法是点燃木炭火，将木炭均匀摊开，撒上木炭灰覆盖明火，摆上入味的豆干进行烤制，要控制好温度，不能让豆干表面起泡。烤了一段时间后，把豆干放入水中搓洗一遍，此时香料味道已经进入豆干，将附着在豆干上的香料洗净，是为了保持豆干表面的清爽干净，防止再次炭烤时香料烤焦影响口感。第二次烤制时五香味和豆香味充分地融合在一起，豆干的外皮十分脆，里面还是嫩滑的，一锅豆干大约要烤制1小时才能完工，期间要不断翻动，师傅凭借经验，将豆干外皮烤至金黄色，外皮不隆起，无明显水汽冒出，最后把烤好的豆干自然风干冷却。

─ 🎏 非遗打卡 🎏 ─

2019年，松源豆干制作技艺被列入梅县区县级非物质文化遗产代表性项目名录。

代表性传承人：何胜旺

店铺地址：梅县区松源镇圩镇胜旺五香豆干店

梅县区南口镇临近国道，又有侨乡村等人气很旺的旅游资源，使得这里的一种客家传统美食知名度越来越高，这就是南口黄皮豆干。国道两旁不少摊档都在出售这一特产，引来许多游客光顾。锦鸡村、双桥村是该镇两大黄皮豆干主产地，而锦鸡村以前的名字叫小沙，所以这种豆干以前也叫作小沙黄皮豆干。黄皮，则是因

为豆干表面呈烟黄色而得名。

除此之外，这种豆干还有一个因传说而得的名字——金镶玉。这是因为传说中南口黄皮豆干是南口人在清朝时从江浙带回来的制作技艺，而清朝时期产于江浙的很多美食，都会被赋予一个和皇帝下江南有关的故事，金镶玉的故事就与乾隆有关。不过，多方资料和民间流传的说法都表明，南口黄皮豆干在明末清初时的街市摊档中随处可见，看来，黄皮豆干早在清乾隆时期之前就有了。

黄皮豆干制作技艺能在南口这个地方流传至今，而且一直没有失传过，客观来讲，是因当地曾是黄豆盛产区，且人多田少，为了谋求生计，一些有家传制作手艺的农户就把做豆腐、做豆干、养猪和农业生产有机联系起来，黄豆除了制成豆干，残留的豆渣可用作猪饲料。本小利大效益高，这才是乡野美食存在的合理理由。

新鲜的黄皮豆干外皮紧致柔韧，掰开后便可看到与"鸡肉丝"形状相似的蛋白，外皮柔韧厚实，内里洁白细嫩，豆香味十足，"金镶玉"的名字对南口黄皮豆干的口感倒是一种生动的诠释。除了可以直接蘸客家蒜蓉辣椒酱吃，还可以用来炒木耳芹菜，或是炒韭菜虾皮，抑或用五花肉来焖，都是客家菜里面的常见菜。也有人炸着吃，当零食，也是很好的下酒料。

如今，南口黄皮豆干早已名声在外，成为客家人传统的主要食品之一，附近县区的食客，或者路过，或是专程前往，总会带些回去，许多从国内外回乡探亲的人，也要点几个黄皮豆干做成的小菜，回去时还要带上几包馈赠亲友，一来一回，从舌尖，到心头。

制作方法

　　客家人说"蒸酒做豆腐，没人敢逞师傅"，虽然每天重复一样的劳作，也丝毫不敢懈怠。豆腐匠们每天从早上5点多就开始忙碌到午后一两点。黄皮豆干的制作工艺烦琐，经过浸泡、粉碎打浆、热水冲浆、煮浆、点卤、转装等工序，全凭手工操作，稍有一个环节不留心就可能影响质量和产量。夏天浸豆至少需要4小时，冬天需要8～9小时，全凭经验拿捏。磨浆时速度不能过快，石磨摩擦过快会发热使得豆浆变质；冲浆时要用沸水反复冲20～30次，这道工序决定了豆干的弹性。用过滤器分离好浆渣，将滤好的豆浆倒入锅内加热，煮豆浆时火力要准确把握，切忌过猛；煮浆后点卤是关键环节，加入一定量的盐卤晶体一

起搅拌，约5分钟后豆浆开始凝固。接着会有两次转装，第一次是把豆腐分出定型，第二次是将每块豆腐分均匀。转装好的豆腐块，用大块的方木板压住，再用200多斤的重物帮助压出水分。30分钟后，豆干基本制作完成；经过自然晾晒和粗盐过水，黄灿灿的黄皮豆干便可出炉。

───┅┉ 非遗打卡 ┉┅───────────────────────────

　　2006年，南口黄皮豆干制作技艺被列入梅县区县级非物质文化遗产代表性项目名录。

　　寻味推荐：南口圩镇、梅城各农贸市场。

  大埔豆腐干，属枫朗镇最出名，该镇的黄
沙坑村有着三百多年五香豆干的生产历史。据
《黄沙坑罗姓族谱》记载：黄沙坑先祖便是以做
豆腐为业，凭着勤劳和聪慧，做出的豆腐深受周
边村庄村民的喜爱，在枫朗圩上也很受追捧。一
次偶然的机会，他将卖剩的豆腐放在锅里烤，略
干后试着放了些五香粉进去，没想到出锅后味道
香浓，口感甚佳，便萌发了制作五香豆腐干的

想法。他请教了当地的一位郎中，反复尝试后，以茴香、花椒、大料、干姜等多种药材磨成粉末，配置出了味道独特的五香粉，再加上适量的盐，制作出来的豆腐干质地坚韧，甘、咸、香、鲜。

豆腐干的制作，以当地种植的黄豆为原料，以特制的五香粉、食盐为配料，经过黄豆去壳、磨浆、研浆、煮浆、打花、压浆、晒干、加香、上黄、包装等10道工序，一点都不能马虎。在黄沙坑村，人们一直严格按照流传了两百多年的传统工艺进行生产。如果你沿着乡道进入黄沙坑村，就会闻到阵阵豆香扑鼻而来，随处可见豆干作坊。如果遇到天气好，便可以看到村里处处都在用竹篾晒豆干，到处一片金黄色，那景象被人们叫作"黄沙金甲"，吸引了众多的游客和摄影爱好者前来打卡，豆腐干的金

黄，是因为用了山黄栀或柠檬冲制开水浸过而染成的黄色。

大埔豆腐干传统包装是用草扎成捆，现在已经改为高温灭菌、真空包装。豆腐干可以待客、下酒，又可以包装成礼品馈赠亲朋好友，口感既香又鲜，久吃不厌，被誉为"素火腿"。

黄沙坑豆腐干声名远扬，成为大埔的著名特产，早在1959年就被评为广东省名牌优质食品。不少华侨还把豆腐干作为礼品带回东南亚各国的华侨居住地。

── 非遗打卡 ──

2007年，大埔豆腐干制作技艺被列入大埔县县级非物质文化遗产代表性项目名录。

寻味推荐：当地各超市、客家特产店、农贸市场、电商平台。

丰顺油炸豆腐

油炸豆腐，在丰顺当地，人们都叫它"婆油豆干"，是指经油炸后浮在油锅上面的豆干。"浮"在丰顺客家话里发音"婆"，用"婆油"来形容油炸食品的形态，形象而生动。更有意思的是，"婆油"的豆干，是两种完全不同材料的做法：一种是番薯粉做的"豆干"，另一种是黄豆做的真豆干。丰顺是潮客交融的地区，尤其在饮食文化方面，常常会体现出潮汕风味来，薯粉豆干就是一种在潮汕地区较为常见的传统小吃。潮汕人和客家人一样，习惯把豆腐叫作豆干，因为用番薯粉做出来的粉糕形状四四方方与豆腐相似，故叫作薯粉豆干。所以，丰顺的油炸豆腐，"婆油"的有黄豆豆腐和薯粉豆腐两种，而"豆干"，是豆腐，不是豆腐干。

做薯粉豆干的材料比较简单，主要就是番薯粉和水，而有经验的店家会加一定量的豆浆进去，使薯粉豆干有一些豆香味，更像"豆干"。搅拌好之后上屉蒸熟，再放到通风的地方晾晒一会，薯粉豆干在自然风和阳光的作用下，蒸发表面的部分水分，下锅油炸时表皮会更加酥脆。

而黄豆豆干（豆腐），制作过程就复杂了，将泡发好的黄豆打成豆浆，然后是煮豆浆、加卤水、上板、压实、切块……豆腐做成了，大半天也就过去了，而"婆油"的大戏才真正上演——架起大油锅，倒入大豆油或者菜籽油，待灶头里的柴发出噼里啪啦的声音，即油温升到一定热度后，一块块豆干依次下锅，顿时，整个油锅立马炸开了，不一会儿，一块块豆干开始"婆"上来啦。

刚捞出锅的婆油豆干会发出"嗞嗞"的声响，香味扑鼻！店家会快速把豆干切成小块——炸好后再切块，里面才能保持嫩滑，并迅速给客人

端上桌，婆油豆干要趁热吃才最香！皮酥
脆、肉嫩滑的婆油豆干蘸上蘸料，入口
的一刹那，口感酥香，料汁开胃，令
人百吃不厌。

婆油豆干的蘸料有两种，盐水和
辣椒水，盐水里面主要有蒜碎、葱花
和盐，据说可以败火。而辣椒水主要由辣
椒、蒜泥、糖、盐制作而成的。

婆油豆干是丰顺人非常喜爱的小吃，是爱喝茶的丰顺
人的下午茶点首选，也是生活在温泉之城丰顺的老百姓在
洗汤（泡温泉）后最想来一碟垫垫肚子的美味。年轻人喜
欢薯粉豆干多一些，因为吃起来更酥脆，而很多上了点年
纪的顾客则喜欢黄豆豆干，因为越嚼越香。

每个地方都会有一些美食，是生活在那里的人们从小
吃到大的，也是外出归来马上要吃到嘴里解解馋的，在丰
顺，婆油豆干就是这样的一种美食。

◆—🙾 **非遗打卡** 🙾——————————————————————◆

2007年，油炸豆腐制作技艺被列入丰顺县县级非物质
文化遗产代表性项目名录。

代表性传承人：蔡贤讷

店铺地址：汤坑镇中楼村新祠堂门牌号62-63号

新陂乐仙腐竹

　　腐竹又称腐皮，是一种客家人的传统豆制食品，它是将豆浆加热煮沸后，经过一段时间保温，表面形成一层薄膜，挑出后下垂成枝条状，再经干燥而成，其形类似竹枝状，称为腐竹。腐竹是一种由大豆蛋白膜和脂肪组合成的一定结构的产物。因其营养价值高、易于保存、食用方便，是客家人家里常备的食材，可荤、可素、可烧、可炒、可凉拌、可煮汤等，一粒黄豆的华丽转身，是客家人生活智慧的舌尖体现，也是客家豆腐文化中的重要内容。

　　在客家地区，腐竹制作技艺传承很广，腐竹作坊在客家很多地方都有。兴宁市新陂镇乐仙村的腐竹是众多客家腐竹产品中的一员。乐仙腐竹色泽金黄带透明，易煮熟，口感清甜，豆香味浓，汤色白而不浊，是当地人餐桌上的美味佳肴，也是兴宁市传统手信之一。

　　据《走近新陂》、新陂镇乐仙村《戴氏族谱》等记载，清末年间（1907年），该村村民戴洪招在龙川县铁场同姓戴屋人那里学到制作腐竹的手艺，并把这门手艺带回到乐仙老家。他在所学的基础上不断地积累经验，对腐竹品质要求精益求精。经过对比和尝试，他选择了江西信丰古陂的青豆做原料，坚持烧鲁草煮浆，并到龙川鹤市定制掺铜的铸铁锅，这种锅导热快，煮浆不易糊，而且有多种人体所需的金属物质。这种锅做出的腐竹，豆香浓郁、味道极好。

🍲 制作方法

　　百多年来，乐仙腐竹一直秉承着传统的制作工艺，对每一道工序都严格把控，传统的制作技艺保证了乐仙腐竹的品牌价值，腐竹加工生产也一直强有力地支撑着乐仙的经济收入。

　　选豆，是做好腐竹的关键，只有最优质的黄豆，才能做出好的腐竹。

经过去壳、清洗、去除杂味之后的黄豆，再配上山泉水，经过一夜浸泡，质感变得松软，更易于后面的加工。

磨浆是道慢工出细活的工序，要磨出好的豆浆，就得慢慢加料，边加料边加水。再经过榨浆，滤出豆渣，便可煮浆。

豆浆煮开后，起竹是制作腐竹的最关键阶段。煮浆过后的豆浆，控制好恰当的火候并保持温度，会在豆浆上结出一层细细的薄膜，这层膜就是腐竹了。起竹的时间不宜过早也不宜过晚，在恰当的时间提出来的腐竹，入汤不化，豆香浓郁，口感鲜美。

晾晒后的头竹，还得经过晾晒至微干后再次回锅挂浆。挂浆可以说是腐竹的点睛之笔，头竹的清香被包浆封存，而包浆的浓郁豆香味会让腐竹香味更加醇厚。

―❖ 非遗打卡 ❖―――――――――――――――――――――――・

2014年，新陂乐仙腐竹制作技艺被列入梅州市市级非物质文化遗产代表性项目名录。

代表性传承人：刘伟东

店铺地址：兴宁市永兴路17号兴宁市乐仙腐竹厂销售部

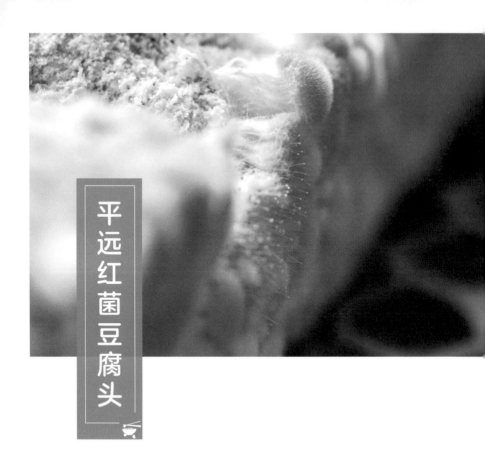

平远红菌豆腐头

　　客家话把豆腐渣叫作豆腐头，平远红菌豆腐头是用做豆腐时剩下的豆腐渣发酵制成的，既有豆腐的营养，又有豆腐没有的真菌发酵后的保健防病功效。

　　有着四百多年县治历史的仁居古镇是广东平远县的老县城，作为粤赣闽三省交界地区，是客家人从中原进入广东的主要迁徙通道之一。平远红菌豆腐头历史悠久，据《平远县志》记载："在老县城仁居镇，有将豆腐渣发酵至长出红色菌，叫'红菌豆腐头'……据传，'红菌豆腐头'只有在仁居范围做的才好，有人将菌种带到别地去仿制，总是做不成功，这大概与当地气候、水质有关。"

把轧出豆浆后的干净新鲜的豆腐渣，放在锅里用文火不断翻炒，炒到豆腐渣松散脱水，铲起来放到簸箕里，簸箕要先用豆头叶（又叫大枫叶）、梧桐叶或芭蕉叶垫好，待豆渣稍微晾凉后用锅铲耙平并慢慢压实，然后撒上"菌娘"，也就是菌种——取自之前做好的红菌豆腐头的红菌，有菌种豆腐头发酵会红得较快，没有的话就等它自然生红菌，如此，第一道工序完成。

装好豆腐头的簸箕，要放在环境干净的房子里。夏天的话，第二天就能长出白菌，然后慢慢转变为红菌。等红菌长满整个簸箕后，将整板豆腐头翻转过来，同时把垫底的叶子拿掉。待两面都长满红菌，就完成制作，可以食用或上市出售了。一般要三四天。冬天因天气冷，如果没有温室就要在簸箕上面盖上棉被或毯子等保暖，发酵时间要比夏天多一两天。

发酵好的红菌豆腐头不易保存，洒有红菌种的豆腐

渣，只能暴露在室外空气中发酵，红色的菌毛会越长越旺、越长越靓，但是只要一装入袋子或者罐中，菌种很快就会"死"掉，菌种一"死"，豆腐渣也很快就变质了，这也是它难以异地品尝的原因。即使是当地人在仁居圩上买回来家里吃，也得尽快解开袋子，免得菌种"死"去，没有了红菌，就只是豆腐渣了，也就没有红菌豆腐头的味道了。为了解决不易保存的难题，当地人会采用这样的方法：把红菌豆腐头加盐捣烂，做成圆形豆腐头饼，放在锅里慢慢烘干，吃的时候切块清蒸、油炸都美味可口。据说当年下南洋的客家人，托水客把制干的红菌豆腐头饼带到南洋做汤食用，深受华侨同胞的喜爱。当然，和新鲜的红菌豆腐头的味道肯定是不太一样的。

　　红菌豆腐头的食法很多，平远人最喜欢的是做汤，将红菌豆腐头和猪肉、水咸菜一起加葱花等配料煮成红菌豆腐头汤，味道鲜甜独特，或者把它和猪肉捣在一起做成红菌豆腐头肉饼蒸吃，又或者红焖红菌豆腐头，都是平远的美味佳肴。红菌豆腐头是植物真菌，对健康有益，不过，对喜欢它的人来说，独特的味道，才是让人欲罢不能的念想。

─────◆ 非遗打卡 ◆─────

　　2009年，平远红菌豆腐头制作技艺被列入梅州市市级非物质文化遗产代表性项目名录。

　　代表性传承人：万文荣、冯坚福

　　店铺地址：平远仁居圩镇

毛糕制作工艺在五华岐岭已有三百多年的历史。岐岭镇四面群山环抱，山水秀美，独特温润的地理气候，纯净的水源赋予了豆腐嫩滑的特点，也孕育出了一种特有的食物——毛糕。

深谙美食的五华人是毛糕的知音。吃法可繁可简，在岐岭人眼中，一点辣酱，就可以让炭火上的毛糕锦

岐岭毛糕

上添花了。变成毛糕后的豆腐头的内部已经大为不同了，毛霉菌分泌蛋白酶，让大豆蛋白降解成小分子的胨类、多肽和氨基酸，这一系列转化让豆腐头异常的鲜美。用发酵好的毛糕配上猪骨头熬制出的浓汤，浓郁的骨头味道和淡淡的黄豆味汇集在一起，毛糕经过温和的加工散发出浓浓的豆香味，没有添加任何调味料的清汤鲜美可口。除了做汤，岐岭人还有另一种独特的食法：在毛糕里面裹进肉馅，加上白豆腐一起用砂锅焖，小火慢焖使里面的肉馅加热至熟，有肉馅的毛糕吃起来和水煮的毛糕味道是截然不同的，肉的香味在温火的加工下全部渗透进豆腐里面。

　　岐岭圩镇上每天早市就会售卖毛糕，有经验的食客都知道最佳食用时间是当天的午餐，到晚饭时再烹饪，口味就次了一级了。

🍚 制作方法

　　制作毛糕的原料是做豆腐剩下的豆腐渣和特制的酸水（或发酵粉）。具体做法是：将新鲜的豆腐渣放入锅中炒干炒熟，去掉豆渣中两三成的水分，炒豆腐头是至关重要的环节，只有熟透才

能把有害细菌杀死，不至于变质影响营养、安全和口味。柴火猛炒2小时以上，中途多次加入清水，整锅豆腐头受热充分并防止烧焦，同时加热产生的水蒸气可以使豆腐头快速熟透。

炒干熄火冷却1小时左右，温度降到20~30℃，以不烫手为宜，起锅盛在大竹筛中，加入酵种手工充分搅拌均匀，趁着余温按压成饼状。压饼之后移到干净屋子或长廊等待发酵，发酵时间长短与季节有关，夏季气温高，发酵17小时左右，冬季则需20小时左右。发酵后豆腐渣会长出白色绒毛，这是毛霉菌的菌丝，是它们赋予豆腐渣新的活力。制作毛豆腐的关键，在于用自制的"酸水"来点卤，酸性物质可以让大豆蛋白凝固，但是"酸水"更大的意义在于伴随着点卤的过程，其中的微生物们也随之流入，像种子一样被埋植进豆腐渣中，它们和温暖干燥的气候一起引导微生物们走上发酵的正轨，菌丝间细小的颗粒是散落的孢子，那是毛糕成熟的标志。

◆━ 非遗打卡 ━◆

　　2020年，五华毛糕制作工艺被列入梅州市市级非物质文化遗产代表性项目名录。

　　代表性传承人：黄文锋

　　店铺地址：五华县岐岭镇上街34号

味觉的记忆

——骑楼老街

从20世纪初开始，随着下南洋商潮的兴起，在我国广东、福建等地区，尤其在城市的商贸集中地带，出现了不少独具风情的骑楼建筑群。

在梅州，几乎所有当年下南洋的水路口岸城镇，都有骑楼建筑的存在，比如梅县的松口，大埔的高陂，丰顺的隬隍……当然，还有梅州老城区，这些地方的骑楼老街自建造以来，一直就是梅州商贸、汇兑、物流和服务行业最集中的地方。由于梅州是下南洋华侨众多的地区，经由水路运输通道和职业水客带动起来的商贸交流频繁，因而，在曾经很长一段时间里，这些骑楼下的商铺上演着和万千公里外的南洋同样的繁华景象，也是贫穷的客家山区"有钱人"的聚集地，而我们知道，大部分美食的出处，往往就在这种地方。

隘隍云片糕（隘隍老街）

广东省第二大江——韩江，从梅州一路向南流经潮州后经由汕头出海，这条江成了山与海连接的通道。江的中游有个名为隘隍的城镇，恰好位于梅州南端与潮州交界之处，以前客家人出南洋到东南亚一带必然走水路，隘隍是个驿站。当地人用"客家祖潮州人"定义自己，这是一座潮客文化真正交融的古镇。汕头开埠迟，以前海是到潮州的，从潮州出发必然经过隘隍，所以隘隍就形成了一个市集，以前叫“小南京”。本地人用这里山区的炭、煤、竹子、木材，换潮州的一些手工艺产品，还有海鲜和其他的物资，榴隍成了远近闻名的人流量大、交易量多、散圩晚的“老虎圩”。在熙熙攘攘的榴隍集市上，榴隍特产相当抢手，例如云片糕、草席、青橄榄、姜糖、面球……时至今日，这些祖辈们留下来的手艺与美食，已经成为榴隍的味觉标志。

榴隍云片糕颜色雪白如云，因此得名，当地人又称之为锦糕，外地人也把它直接叫作榴隍糕，在梅州以外的其他客家地区把它叫作纸牌糕。

云片糕离不开糯米粉和橄榄仁，糯米粉是客家人喜欢用来做“粄”的材料，而橄榄仁则是来自潮州地区，据说早在清道光十八年（1838年），廖氏花公二十六代裔孙廖如峙便开始将二者巧妙结合，做出了融合潮客风味的糕点——云片糕，并创办了“万源斋”的字号。

制作方法

云片糕做法比较复杂，主要有四道工序。第一道是制作糕粉和反砂糖。将糯米用沙爆成米花后粉碎制成糕粉，白砂糖熬成糖浆倒入搅拌机后，再加入麦芽糖反复搅拌制成反砂糖。第二道是制作糕心。将反砂糖、糕粉、芝麻、榄仁、橙膏和黄油等配料按一定的比例混合，用压筒反复揉压至所有材料充分相融，再将其倒入模具中压成方块状，制作成糕心。第三道是夹心。在特制的模具内先加入糕粉压实做底面，再把糕心放在中间，接着又在上面铺上糕粉做糕面，然后用特制的工具压实。第四道是切片。把一大块的糕点切成长条后，再用切片机把定型好的糕点切成薄片装入包装盒。2天后，在糖、油等作用下，糕点不散又不黏，雪白香甜，在制作好的3～15天食用，口感是最佳的。云片糕打开时如同打开一本书册，撕下一片好像翻开一页，初次食用起来会觉得很有趣。

────── 非遗打卡 ──────

2015年，𡵆隍云片糕制作技艺被列入广东省省级非物质文化遗产代表性项目名录。

代表性传承人：廖若冰

店铺地址：丰顺县𡵆隍镇下街10号致和里

仙人粄又称草粄，是梅州客家人的叫法，其他地方称之为凉粉，是用一种叫"仙人草"的草本植物加工而成的。仙人粄有止渴、解暑、生津等功效，对高血压、中暑、感冒等有一定的疗效，所以，无论在大街小巷，还是圩场街市，总能看到售卖仙人粄的摊档。仙人粄价格低廉，又能降温解暑，成了客家人一致认可的清

仙人粄（梅城老街、平远老街）

凉零嘴，而在人流密集的梅城骑楼老街，更是深受逛街购物的人们的喜爱，是客家人的黑色冰淇淋。仙人粄色泽棕黑有光泽，加入蜂蜜或炼奶、香蕉露调拌后口感香、滑、韧，是夏日的解暑佳品。客家人有农历入伏吃仙人粄的习俗，据说这天吃了仙人粄，整个盛夏都不用担心长痱子。

由于梅州地区普遍适于种植仙人草，所以会制作仙人粄的手艺人遍布各乡各镇，其中梅县南口镇车陂制作仙人粄的手艺至今已有一百多年的历史，在梅州名气不小。

制作方法

先把晒干的仙人草洗净后放入锅中熬煎，当草汁达到一定浓度时将草渣捞起，再把仙人草汤过滤，然后加入适量淀粉或米粉或红薯粉，边加热边不断搅拌让其充分融合，待汤液变成糊状后倒入瓷钵内，冷却后便成了仙人粄。

非遗打卡

2014年，南口镇车陂仙人粄制作技艺被列入梅州市市级非物质文化遗产代表性项目名录。

代表性传承人：饶俊顺

店铺地址：南口镇车陂村门楼侧南记饶二老字号

2017年，平远仙人粄制作技艺被列入平远县县级非物质文化遗产代表性项目名录。

寻味推荐：平远各地老街小店。

客家煎炸小食（梅城老街）

　　逢年过节做好事，客家人家家户户都会做些酥香可口的传统小吃，如煎圆（也叫煎堆）、散子、炸芋圆、南瓜圆等，一般年前就开始张罗，煎炸好后用瓶罐收藏好，在整个新春佳节享用。在旧时客家人眼里，"见到煎圆才像过年"，意思是起油锅炸东西才算拉开了过年的序幕。煎圆是用糯米粉掺黏米粉加糖、加水搅拌，然后捏成乒乓球大小的丸子，放到油锅里炸至赤色即可，

热吃香酥，放凉了以后再吃时就得蒸热了吃，是另外一种软糯的口感。

炸芋圆、南瓜圆是用白荷芋或南瓜刷成丝，加入适量清水、精盐、糖和面粉拌匀，用汤匙舀成丸子状，放油锅里炸，炸至金黄色即可，既是零食、茶点、下酒料，又是馈赠亲友的佳品。特别是煎圆，寓意团团圆圆、吉祥如意。

若在不是过年时想吃上这些味道，就要到梅城老街去走走了。在老城区油罗街有数间老店铺，一年四季支着油锅炸着各种小吃，空气里弥漫着几代人都熟悉的味道，不论是回家寻味，还是手信伴礼，油锅里翻滚着的是老街的味道，盛起来的是金灿灿的乡愁。

●❏❏ 非遗打卡 ❏❏●

2014年，客家煎炸小食制作技艺被列入梅江区县级非物质文化遗产代表性项目名录。

代表性传承人：李冬兰

店铺地址：梅江区文保路28号

灰水粽（高陂老街）

将布惊树烧成灰，制成灰水（植物碱）来泡米做粽子，故名灰水粽。

客家灰水粽适合冷吃，分甜、咸两种。咸粽以芝麻、花生、猪肉等为馅；而甜粽没有馅，比咸粽嫩软，蘸蜜糖、黄糖来吃。

制作方法

用灰水浸泡糯米约24小时，使糯米染上淡淡的黄色，再用苇叶包成尖三角形，用粽绳捆扎，放入水里慢煮12小时，起锅后放冷即可。煮熟剥开的粽子，有苇叶的清香，黄澄澄的粽子饱满、圆润。

—◦◊ **非遗打卡** ◊◦—

　　2016年，大埔灰水粽制作技艺被列入大埔县县级非物质文化遗产代表性项目名录。

　　寻味推荐：高陂及梅州各县老街均有。

企炉饼
（松口老街）

　　企炉饼是梅县区松口镇的特产之一，巴掌大小的企炉饼，外皮酥软，皮薄馅嫩，馅心软滑。

　　制作企炉饼的主要原料有面粉、橙糖、白芝麻、白砂糖、黑芝麻等。在以往没电炉的年代，松口人做饼使用的是泥制火炉，制作企炉饼时，先在炉下面生起柴火，再在炉上放一张铁丝网，把握好火候，一边烤一边翻，要一直站在炉边，防止饼烤不熟或烧焦，"企"字在客家方言中是

"站着"的意思，此饼因而得名。

相传，老一辈客家人下南洋由于路途遥远，需要自带干粮充饥，企炉饼易保存且耐充饥成了最佳选择。而今，松口镇伴着海上丝绸之路名扬海外，企炉饼成为令海外返乡的寻根者们感念的味道，作为一种乡愁符号，它给人们留下的是满满的回忆。

—🪷 非遗打卡 🪷——

2019年，企炉饼制作技艺被列入梅县区县级非物质文化遗产代表性项目名录。

代表性传承人：魏汉兴

店铺地址：梅县区松口镇光明居委法政路110号

黄金玉香糕
（丙村老街）

　　在喜庆节日，客家人喜欢拿糕点赠送亲朋好友，寓意步步高升。黄金玉香糕因其外形形似金砖，与传统白切糕相比，更显贵气和富有，在华侨众多的梅县丙村等地，成为深受追捧的客家特色礼品。

　　黄金玉香糕的馅料主要由糯米粉、花生、芝麻、冬瓜糖、黄栀子等材料制成，形似黄砖头，香糯可口。

制作方法

　　黄金玉香糕加工工艺流程复杂，每道工序细腻程度要比其他糕点难得多。糯米粉加入适量的黏米粉搅拌均匀后，再加入用糖粉搅拌成的糖水，用手来回揉搓，直到感觉到有韧性的时候，基本的馅料就算完成。接下来就是制作金黄色馅皮来包裹馅料了，制作馅皮就好像手工制作饺子皮，需要耐心地揉搓，待其成团后铺平，放入正方形盒子的馅料平放均匀后，表层要裹上一层馅皮，平铺均匀后，采用天然的栀子调成金黄色，将表皮涂上一层金黄色的栀子后，放入锅里蒸制约2小时，待冷却成型后再切制。

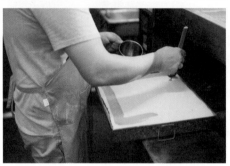

·——❖ 非遗打卡 ❖——·

2019年，黄金玉香糕制作技艺被列入梅县区县级非物质文化遗产代表性项目名录。

代表性传承：古运宏

店铺地址：梅县区丙村镇古家食品店，客都人家客乡老街

黄金粄条
〔黄金老街〕

黄金粄条，又叫面帕粄、竹篙粄、水粄，是丰顺县黄金镇的一张名片。

黄金粄条以大米为主要原料，经过选米、浸米、磨浆、蒸炊、晾干、折叠这几个步骤制作完成，成品纯白、细嫩、坚韧，用刀切成一圈圈的粄丝后，可炒可煮，香滑爽口，粄条有干、湿两种，每张干粄条用米约0.3斤，每张湿粄条用米约0.5斤，是丰顺客家人喜爱的传统美食。

—◆▣ 非遗打卡 ▣◆——————————————◆

2007年，黄金粄条制作技艺被列入丰顺县县级非物质文化遗产代表性项目名录。

代表性传承人：彭道锋

店铺地址：丰顺县黄金镇沿江新区11号

汤坑炒粄

（汤坑老街）

　　汤坑炒粄又名炒粄、炒粄条、炒水粄，特点是色泽洁白、柔软滑爽、柔韧、富有弹性、老少皆宜，其中又以牛肉炒粄最为出名。牛肋子肉和颈龙肉、番薯粉、酱油、鱼露、芥蓝还有旺火锅气，才能成就一盘有辨识度的汤坑炒粄，不论走到哪里，这种味道都能把丰顺人喊回家，情归餐桌。

─ 💠 非遗打卡 💠 ──────────────────────────────

2007年，汤坑炒粄制作技艺被列入丰顺县县级非物质文化遗产代表性项目名录。

代表性传承人：邱建立

店铺地址：丰顺县汤坑镇滨河西路62号海舟园牛肉连锁店

算盘子 （百侯老街）

　　"算盘子"是大埔人用芋头、木薯粉做成的一种粄食，因外形像算账用的算盘柱上的珠子而得名。这是大埔地区一种历史悠久的传统小食。

制作方法

　　将芋头剥皮、洗净、切片，撒上适量的食盐蒸至烂熟，趁热掺入木薯粉，加开水拌匀揉搓至软韧连结，取一小团搓成汤圆状，再用拇指和食指互按成两面凹的扁圆形，有如算盘上的珠子。然后放进沸水锅里煮熟捞起，放进冷水中去浆冷却，捞起将水沥干即为算盘子。食用时，将配料放进热油锅里爆炒，加酱油、食盐、胡椒粉拌匀，放入算盘子热炒一下，撒上葱和香菜，即成美味的客家传统小食——算盘子。

◆◇ 非遗打卡 ◇◆

2016年，大埔算盘子制作技艺被列入大埔县县级非物质文化遗产代表性项目名录。

寻味推荐：百侯老街、大埔胡寮小吃文化城。

美食的魅力

——村一味一乡愁

　　客家各地的传统文化因南迁而来的各路人群原生文化和习惯的差异会有一定的不同，也因此成就了各自的特色，文化是这样，美食也是这样。在和闽赣接壤的平远县和蕉岭县，由于和闽赣山水相连，很多食材都是一样的，因而在菜肴的烹饪手法上更多的是承袭了闽赣两省客家菜的做法。这里崇山密林多，土壤富硒面积大，养生食品和菜肴是这里的主要特色。

丰顺县和潮汕地区相连，是潮客文化交融的地区，百姓之间血缘亲近，婚嫁频繁，饮食文化上更是相似度极高，海产品和山野之食在这里和谐共存，菜肴的制作手法也是潮州菜和客家菜融会贯通。五华、兴宁两县和惠州河源交界，这里酿酒业发达，豆腐文化丰富，河鲜烹饪技巧成熟，菜品的制作有东江客家菜的特色。大埔县以特色小吃见长，是客家粄文化的集中地，同时，客家药根入馔也是大埔最有代表性，药根鸡是药食同源的最佳代表菜。梅江区和梅县区，历史上一直都是州府和市府所在地，是梅州政治文化中心和商业最发达的地区，也是梅州餐饮业最集中的地区。这里的客家菜品种丰富，市场和外界的认知度高，既是传统客家菜的聚集地，也是能感受新客家菜融合创新的地方。

一物一思念，一味一乡愁。

　　蕉岭是世界长寿之乡，三圳镇是蕉岭县的"鱼米之乡"，这里土地肥沃，出产各类优质的农作物，尤其以稻米（糯米）、葛薯、蔬菜、淮山最为出色。良好的生态还有利于土养畜禽，盛产猪、牛、鸡、鸭、鱼，为制作三圳酿粄提供了丰富的食材。

　　三圳酿粄是典型的客家酿菜文化和粄文化的结晶，是蕉岭县民间最

三圳酿粄（蕉岭三圳）

具有特色的风味小吃之一。食材主要由糯米粉、小麦粉、猪肉、葛薯、青蒜等组成，它烹调技艺简单，口味讲究香、嫩、糯、滑，味道鲜美，老少皆宜。三圳酿粄是蕉岭客家人饭桌上的家常菜，目前，在蕉岭境内经营三圳酿粄的餐饮店多达200余家，从业人员有600多人。有世界长寿之乡代言，三圳酿粄不仅在蕉岭、在梅州有良好的声誉，在广州、深圳等地，都有人在经营三圳酿粄，一项传统技艺成就了当地百姓的致富梦想。

────❖❖ 非遗打卡 ❖❖────

2016年，三圳酿粄制作技艺被列入梅州市市级非物质文化遗产代表性项目名录。

代表性传承人：刘仁桂

寻味推荐：三圳圩镇、蕉岭各地农贸市场。

西河老鼠粄（大埔西河）

　　西河老鼠粄是大埔的特色美食，已有一百多年历史，因其呈圆柱形，两头尖，长约二寸，白色，光滑鲜亮，形若珍珠，故得雅名"珍珠粄"；而其外形也酷似小老鼠，又得俗名"老鼠粄"，也许因为它更受普通百姓喜爱，大家更喜欢称之为"老鼠粄"。

　　老鼠粄食用可以煮，可以炒，可以捞干，根据个人口味调佐料，一般以猪油、鱼露、肉末配葱段爆香再加入胡椒粉即可。老鼠粄在西河的起源，和一个儿子孝敬生病的老父亲的故事有关。

老鼠粄由大米加工后制成，比米饭本身更容易消化和被肠胃吸收。在大埔，老人、小孩身体不舒服的时候，都更喜欢食用老鼠粄当主食，而且老鼠粄的口感令人舒适：顺滑，可以入口即吞，很有满足感；柔韧，又可以细嚼慢咽，体会它在舌尖上游离的感觉。

老鼠粄流传一百多年来，一直没有离开过西河人的餐桌，同时也在梅州其他地方流传开来，它是西河人引以为荣的特色美食，体现出西河人心灵手巧，乐观向上的生活态度。

制作方法

西河老鼠粄制作原材料为当地上季黏米，尤以糙米为佳，充分浸泡后的粉浆取出三分之一弄成块状在锅里煮至六成熟，打散，再和剩下的生粉浆一起搓揉至软硬适中，在特制的搓板上搓出成型的老鼠粄。经验表明，只有这样，才能做出绵滑柔韧又不粘连的口感。把特制的搓板置于大锅之上，手握粄团压在搓板上面，用力向前推送，粄团通过搓板上的小圆孔形成固定形状从搓板下面掉落滚烫的开水中。煮熟后自然浮出水面，即可捞起装于竹筐中用井水反复冲泡，去掉粄浆，使粄粒之间不互相粘连，冷却后放置竹筛上晾干备用。这和中原晋冀鲁豫陕地区饸饹的做法几乎一样，只不过饸饹是用荞麦面和高粱面做的，这可算是梅州美食的又一中原烙印。

●─□■□── 非遗打卡 ──□■□─●

2016年，西河老鼠粄制作技艺被列入梅州市市级非物质文化遗产代表性项目名录。

代表性传承人、店铺地址：

孙义欣　大埔县西河镇外马路3号

黄庆东　大埔县西河镇东芳餐室

百侯薄饼（大埔百侯）

百侯薄饼是一款和梅州客家人耕读传家的理念联系最紧密的点心。

大埔县一个小小的百侯镇，在明清两代，居然出了翰林5人、进士24人、文武举人134人。在百侯镇的侯南村有一座名叫"通议大夫第"的清代古民居，三堂四横屋，九厅十八井，这通议第是闻名遐迩的"一腹三翰林"中的杨缵绪的故居，"一腹三翰林"说的是百侯进士杨之徐的夫人饶氏所生的孩子中有三个儿子先后考取进士，又都入了翰林院，这就相当于现在的一家三清华！百侯薄饼相传为杨家大翰林杨缵绪在离任陕西省按察使告老还乡时，带回家乡的四种点心之一，有"锦囊藏宝"之美称。

百侯薄饼皮韧馅香，口感柔软滑润，清脆爽口，味美而不腻，风味独特。现在，这种客家风味小吃在百侯，乃至大埔县城等地的宾馆、酒楼、食府及街头大排档、道旁小食摊均有售卖。不少离乡赤子，包括海外华侨、港澳台同胞回乡后，都要品尝品尝此风味食品。

制作方法

（1）制作薄饼皮。薄饼师傅必须在圆形大木盆里把精心挑选过的面粉加上少许盐水用力揉搓，将面粉和成面粉团，边揉搓边慢慢注入盐水，揉搓至软韧黏结成浆状面

筋后，用手抓起重重地拍在木盆里，发出"嘭嘭嘭"的响声，如此反反复复进行百十次，让面筋黏柔、软韧。然后抓起一团，快速地涂擦在生有熊熊炉火的专用平底铁镬上，形成一层层圆形薄饼皮，饼皮薄如纸，透明晶亮。

（2）制作馅料。馅料一般以瘦肉丝、豆腐干、豆芽、鱿鱼、香菇、虾仁等为主料，将料切好、配好后，选用适量食油下镬，加入蒜蓉，大火炒香后，将以上混合在一起的主料放入镬内炆至熟透，然后立即包进叠好的两张薄饼皮内，撒上胡椒粉，捆实后，放入盘中趁热即可食用。

─◖❏ **非遗打卡** ❏◗────────────────────────────

2014年，百侯薄饼制作技艺被列入梅州市市级非物质文化遗产代表性项目名录。

代表性传承人、店铺地址：

杨济美　大埔县百侯镇美食园薄饼店

罗瑞丹　大埔县湖寮镇小吃文化城

胡寮鸭双羹（大埔西河）

　　羹菜在中国饮食文化中历史久远，古人在很早以前就以木薯、山药、芋头这些含淀粉较多的原料为主，配以其他果类制成甜食，增强羹汁的甜度，故名甜羹。鸭双羹是一种古老传统的甜味小吃。在客家，羹是专指用五谷杂粮磨成粉状后加水搅和，下锅煮成糯糊的小食。鸭双羹得名有两种说法：一种是用鸭汤配以木薯粉、甜果、酥糖等烹制而成，所以叫"鸭双羹"；另一种是以木薯粉、瓜丁、油糖等食材经调制入锅成羹，用搅棒反复搓揉，然后边下油糖边用锅铲反复拍压，使之由糊变羹，由结变软，由韧变松，香甜松软，故名"压松羹"，谐音"鸭双羹"。

鸭双羹成品外观光亮润泽，内中含有粒粒"珍珠"，分外诱人，吃起来香甜可口，松软柔滑，美味无穷。

🍜 制作方法

鸭双羹是选用当地农家木薯粉，配以瓜丁、陈皮、花生、芝麻、酥糖、生姜、猪油、红糖烹制而成。首先，将木薯粉放入锅中用小火干炒熟透取出，起锅，锅中放入少量猪油、生姜蓉爆香，加入水，下红糖、瓜丁、花生、芝麻、酥糖、陈皮末煮成糖浆水，然后徐徐均匀地放入用筛子筛过的熟薯粉，一边缓慢地注入油料，一边顺势不停地用铲反复搅拌，直到羹凝结成金黄色。待光亮润泽、香气喷发、香甜松软、柔滑时起锅。

——🏵 非遗打卡 🏵——

2016年，大埔鸭双羹制作技艺被列入大埔县县级非物质文化遗产代表性项目名录。

寻味推荐：大埔胡寮小吃文化城。

桃源八宝饭（大埔桃源）

桃源八宝饭是大埔传统的美味食品之一，当地人叫"八宝饭珍"，八宝饭珍味道清甜、甘香、可口，使人回味无穷，难以忘怀。它的主要原料有上等白糯米、三层五花肉、瓜片、橘子皮、白糖、花生油。

制作方法

（1）选上好白糯米淘净，放进锅中蒸熟。

蒸糯米饭应掌握好水量和火候，糯米饭既要熟透不夹生，饭粒还要完好不烂。糯米饭蒸好后凉至30℃左右，加上与糯米相等的白糖搅拌均匀。

（2）用花生油把三层五花肉炸至微赤，垫在碗底，上面铺上切碎的瓜片、橘子皮等配料，再装满搅拌均匀的甜饭珍，放进锅内用中火蒸2小时。

（3）蒸好后将碗翻转，八宝饭珍就制作完成了。

───❦ 非遗打卡 ❧───────────────────

2011年，桃源八宝饭制作技艺被列入大埔县县级非物质文化遗产代表性项目名录。

寻味推荐：桃源圩镇、大埔胡寮小吃文化城。

汤南面线
（丰顺汤南）

　　传统的丰顺县汤南镇纯手工面线，形状细长如线，柔韧有弹性，咸香、口感好。汤南是潮客文化交融的乡镇，客家话和潮汕话都通用，在潮汕话语里，面线的"面"的发音与"命"相似，有长命之意。逢年过节、婚庆寿宴等良日，汤南人的餐桌上都少不了炒面线。

　　制作手工面线首先在面粉中加入适量水和盐，然后揉成面团，再切成小块，经过不断地

搓揉、拉伸，变成直径1厘米左右的粗面线条，把这些粗面线条盘成蚊香形状的"面饼"；接下来是魔术般的甩面——顺着圆形的簸箕，把两根1米长的专用细竹竿固定在铁架上，左手一甩，右手一甩，半米长的面线飞快地从簸箕"跳"出来，瞬间变细变长，跃过人的肩膀，披在两根细竹竿上接受阳光的照晒，晒至干湿合适的状态，再上锅炊熟即可。

面线的制作过程，在观众看来很有画面感和仪式感，但是对于从事这项技艺的手工艺人来说，是相当辛苦的。揉搓拉甩工序繁多，每天凌晨三四点钟就要起床准备一天所需的材料，完成整个制作过程往往就到下午三四点钟了，连偷个懒喝口水的时间都没有，每个环节都是纯手工，不容得一点偷工减料。一天下来累得腰酸背疼，要是没有掌握好力度，面线的口感就会大打折扣。除此之外，制作者还要熟悉天气，根据每天的风级、湿度和光照程度来控制盐量和日晒时间。

———❑𝄞 **非遗打卡** 𝄞❑—————————————————————•

2012年，汤南面线制作技艺被列入梅州市市级非物质文化遗产代表性项目名录。

寻味推荐：当地餐饮店、农贸市场、超市、客家特产店。

黄金姜糖（丰顺黄金）

　　相传黄金姜糖源于姜汤，配方得自五台山一云游高僧，此方拯救了大批因水土不服而染疾的南宋官兵的性命，从此秘方开始流传民间。

　　姜糖柔韧透明，肉质细腻，味道甜中带辣，兼具姜的独特风味，并有驱寒、散寒、理气止吐、止咳化痰等功效。

　　现在的黄金姜糖，除保持传统做法的优点外，对芝麻软糖、可口姜糖、橙糖等不断进行科学调整，提高了姜糖的辣性，增加了成品的透明度，降低了甜度，调整了韧性，更加适合当下人们对健康的要求和不同年龄层消费者的口感需求。

如今，最新推出的可口姜糖系列产品礼品装，外观精美、高雅，既是美味食品，又是喜庆佳节、外出旅游馈赠亲友的理想选择，成为非遗文化助力旅游发展、带动乡村振兴的活力传承形式。

——🔖 非遗打卡 🔖————————————————————

2011年，黄金姜糖制作技艺被列入梅州市市级非物质文化遗产代表性项目名录。

代表性传承人：刘勇刚

店铺地址：丰顺县黄金镇湖田黄金食品厂

仙洞米粉产自丰顺县丰良镇仙洞村，是以大米为原料制成的条状米制品，属于干米粉，而不是以大米为原料制成的粉状材料。

它的生产工艺一般为：淘洗—浸泡—磨浆—蒸粉—压片（挤丝）—复蒸—冷却—干燥—包装。由于丰良的水质、气候的优越性，仙洞米粉无须添加任何食用防腐剂和增加韧性

仙洞米粉（丰顺仙洞）

的食物添加剂，它的色泽洁白、柔软爽滑、质地柔韧、富有弹性，水煮不糊汤，干炒不易断。沸水煮开后，加入适量的米粉，等水再次煮开捞出后配以各种菜码或汤料进行汤煮或干炒，爽滑入味，深受广大人民群众的喜爱，在当地，无论是家常饮食，还是摆宴席待客，都少不了仙洞米粉。如今，零添加的仙洞米粉早已名声在外，成为丰顺县最知名的非遗美食和伴手礼之一。

●—▣ 非遗打卡 ▣—

　　2007年，仙洞米粉制作技艺被列入丰顺县县级非物质文化遗产代表性项目名录。

　　代表性传承人：彭爱生

　　店铺地址：丰顺县丰良镇仙龙村文化公园旁

畲江菊花糕（梅县畲江）

菊花糕是梅县特产之一，早在一百多年前就已问世。下南洋时期，就经常有水客带着菊花糕出国销售，或由华侨亲属转托水客带至南洋作为馈赠亲友的礼品，是客家人熟悉和牵挂的味道，至今盛产不衰。

菊花糕因其外观似菊花、口感香甜、质地软韧而被人喜欢，它采用糯米麦芽、白糖、榛糖、生油为原料，不加任何添加剂。制作时首先把制好的麦芽做成糖浆备用，然后将糯米粉炒熟，加入糖浆、榛糖等按比例搅拌均匀，按模出型后蒸熟。畲江菊花糕直到现在还是用传统的方式去制作，最初的木制模具还是由五华的雕刻师傅制作的，用模具弄出来的菊花糕均匀统一，待其冷却到与人体温度相近时，就可以将其从盘里取出来包装，这样可以保证菊花糕不易变形。

　　菊花糕简单而纯粹的清甜味道，唤醒的是人们对旧日时光的留恋，自然的味道，是记忆中乡愁的味道。

──❧ 非遗打卡 ❧──────────────────

　　2011年，畲江菊花糕制作技艺被列入梅州市市级非物质文化遗产代表性项目名录。

　　代表性传承人：张应新

　　店铺地址：梅州市梅县区畲江镇一横街中路2号义兴老号菊花糕厂

荷泗拱桥肉
（梅县荷泗）

在中国人传统宴客的台面上，一碗"大肉"是少不了的。这碗大肉，在很多地方指的都是用猪肉做成的一道"横菜"，做法各不相同，但是呈现的形式都比较讲究，以示隆重。比如在客家地区很有名气的咸口梅菜扣肉、糯口香芋扣肉等，而在梅县的某些乡镇，还有一种更过瘾的大肉菜——甜口拱桥肉，它的产地之一在南口镇荷泗。

拱桥肉也是扣肉的一种，"拱桥"得名于扣肉倒扣在盘上整块肉皮和肉身部分看起来像是拱桥的形状。

🍜 制作方法

要做好一道拱桥肉，从选料开始就有讲究，一定要选肥瘦恰当的土猪三层五花肉，这样的肉做出来才更容易蒸制出"拱桥"的形状。将选好的猪肉在大锅内煮熟，趁着猪肉还冒着腾腾热气，在猪皮上扎出密密麻麻的小眼，然后往猪皮上抹盐，保证猪皮炸出来更加蓬松入味。待整块肉下油锅炸至猪皮的颜色变成金黄色，捞起放入酒水佐料里浸泡，一是入味，二是降温，酒水佐料里的酒是客家娘酒，佐料有盐、味精、胡椒粉等，再加入适量的红曲粉用于上色。拱桥肉的配料有瓜丁（冬瓜糖）、豆方（花生糖）、鸡蛋，将配料搅拌均匀备用，这些便是这道菜甜口的来源。酒水里浸泡好的猪肉捞起，晾干，全部切成薄片，再将之前准备好的配料一起放入并均匀搅拌好，将猪皮朝下放到碗里排好，完成扣肉的蒸制和反扣工序，六七小时下来，拱桥肉制作才算完成。

――🖾 非遗打卡 🖾――――――――――――――――――――――

2019年，荷泗拱桥肉制作技艺被列入梅县区县级非物质文化遗产代表性项目名录。

代表性传承人：黄俊明

店铺地址：梅县区南口镇荷泗镇圩镇荷泗香槟酒楼

羊雌汤，就是用羊肉、羊肚和羊百叶做成的汤。雌，是指母羊。

这是口味刁钻的松口人最喜欢的一道菜，选料讲究，只用尚未配种过的1岁多的母羊（毛羊重20斤左右）的后腿肉，因为公山羊膻味大，不适合做汤品，所以从菜的名字上就先界定了它的选材。另外，这道汤品菜的味道定型由当地腌制的干咸菜

松口羊雌汤（梅县松口）

和客家酒糟担当，所以它是一道非常适合客家人口味的菜肴，满满的客家味道。

松口人喜欢吃羊肉，餐桌上一年四季都有羊肉菜肴，一碗加入酒糟、咸菜的羊雌汤，鲜香可口，胡椒粉的味道恰到好处，是冬日里最佳的养胃滋补品。

制作方法

将洗净处理好的羊肚煮熟，切成条状备用；羊百叶清洗干净切丝，加入味精、盐、胡椒粉、食用油腌制10分钟让其入味；羊后腿肉切成薄片，同样加入调味料腌制10分钟；姜切丝，干咸菜洗净切成5厘米左右的长度；在沸水中放入干咸菜，待其煮出香味，再把处理好的羊肚、羊百叶、姜丝、适量的酒糟倒入锅中，待煮沸后放入腌制好的羊肉煮熟，进行调味便可出锅。

非遗打卡

2019年，羊雌汤制作技艺被列入梅县区县级非物质文化遗产代表性项目名录。

代表性传承人：钟鑫

店铺地址：梅县区松口镇中山路口好利是酒店

松口鱼散粉（梅县松口）

　　鱼散粉源自具有千年历史的松口古镇，这里临江，人们的餐桌离不开鱼。

　　鱼散粉其实就是一盘鲮鱼骨肉末炒米粉，它的主要材料是鲮鱼和米粉，辅料是酒糟、姜、葱、胡椒粉和食用油。首先是鲮鱼的处理，一定要保留鱼骨，同鱼肉一起剁至起胶质，因为鱼骨通过油炸后会变酥，米粉只有吸收鱼骨里的骨香才能激发出甘香的口感。葱姜都要提前准备切成末状。材料准备好后，先将鱼肉末放入热油中，不停地翻炒，使鱼肉泥松散开来，紧接着放入酒糟、姜末和葱花，这酒糟是松口当地客家娘酒的酒糟，具有独特的香味，在鱼散粉这道菜里，酒糟起到了去腥、增加香味和鲜味及调色的作用。最后，将浸泡好的米粉放入，要不停地翻炒，让细碎的鱼肉末均匀地粘在米粉上，特有的鱼肉香味、酒糟香味，干爽的粉丝和爆香的鲮鱼胶、姜末粒粒分明，成就了一道色香味俱全的松口小炒。莹白的粉丝带着肉末，还沾着带有红曲清浅颜色的酒糟，犹如白发簪花，香味浓烈四溢，不禁让人幸福感油然而生。

—❖ 非遗打卡 ❖———————————————

　　2019年，鱼散粉制作技艺被列入梅县区县级非物质文化遗产代表性项目名录。

　　寻味推荐：松口镇中山路63号聚园饭店。

石扇鱼血焖饭（梅县石扇）

　　石扇鱼血焖饭是梅县石扇独特的美食，杀鱼取血，鱼血入馔，不多见。

　　讲究的石扇鱼血焖饭是选用高山泉水、山间草鱼、农家香米、八月花生油、四季香葱、坡地黄土生姜做原材料，以秘制之法炮制，口感松软、香甜美味。

　　石扇水质好，鱼的品质自然就好，当地人夏季农忙结束后，便会选用八九月收成的新稻米和花生油来焖鱼饭，新米吃起来口感会更鲜香，而小颗粒的花生榨出的油味道香浓，使焖饭更诱人。

🍜 制作方法

从草鱼的胸鳍刺血，放出的血用碗装好，并把鱼血煮开备用，这是石扇鱼焖饭味道的关键点。腌制好的鱼块煎至金黄色，将淘好的米放入锅中，鱼血、金不换一并放入，再把鱼块逐块摆在面上，用农家大锅柴火焖焗，饭焖好后，再开锅取出鱼块，将煮熟的米饭用勺子翻松，同时把切碎的金不换或葱花等调味料与之拌和均匀，再放入花生油等一起下锅翻炒，香喷喷的鱼血焖饭便算大功告成。

━ 🔖 非遗打卡 🔖 ━━━━━━━━━━━━━━━━━━

2009年，石扇鱼血焖饭制作技艺被列入梅县区县级非物质文化遗产代表性项目名录。

寻味推荐：石扇圩镇、梅县区部分餐饮店。

松源麦芽糖
（梅县松源）

　　麦芽糖，顾名思义就是以麦芽和大米（黏米或糯米）为原料，经过发芽、浸泡、蒸煮、榨汁、拽拉等多道工序精制而成的。麦芽糖甜味不重且香而不腻，可增加菜肴的色泽和香味。麦芽糖性甘温，健脾开胃，有补气、排毒养颜、润肺止咳等功效。

　　在梅县区松源横江村，几乎家家都懂得制作麦芽糖，这里麦芽糖的制作技艺已有将近六百年的历史。相传很久以前，横江村人去福建上杭务工，偶然吃了麦芽糖后，便从福建的手工艺人那里学习制糖方法，回乡后为了养家糊口便制作麦芽糖游乡叫卖。

上好的麦子很重要，因为麦子好出芽率才会高；天气和温度也很重要，这直接影响到出芽的时间。在所有制作工序中，传统的手工拉糖，是最费劲也是大家最喜欢围观的一个环节，又浓又黏的糖汁冷却不烫手时，师傅把一团糖胶挂在糖钩上，来回不断地拽拉，黑褐色的赤糖慢慢开始变淡，逐渐变成了奶白色，拉好的麦芽糖看起来很有韧性，将其剪成小小的圆扁形，麦芽糖就可以正式出炉了。

如果你来到横江村，还可以品尝到一种独特的麦芽糖美食——在糖浆刚呈现浓稠状时，在碗里打进几个鸡蛋，舀入滚热的赤糖轻轻搅拌，一碗麦芽赤糖鸡蛋就做成了，麦芽的清香和鸡蛋的糯香中和在一起，口感细滑，入口绵柔，一点也不会腻人，这可是横江村人招待客人的上等补品呢。

━━◖◗ 非遗打卡 ◖◗━━━━━━━━━━━━━━━━━━━

2006年，松源麦芽糖制作技艺被列入梅县区县级非物质文化遗产代表性项目名录。

代表性传承人：王集荣

店铺地址：梅县区松源镇径口村塘唇塘背路116号桥头老二麦芽糖

　　在白渡人的味蕾记忆中，白渡牛肉干的味道，便是家乡的味道。在过去，许多客家人为了谋生下南洋、闯世界，临行之前，他们往往会带上少许家乡的食物，既能充饥，又能一解乡愁，白渡牛肉干成了许多客家游子的首选，从那时开始，游子的脚步走到哪里，白渡牛肉干就被带到哪里，白渡牛肉干美名渐渐远扬海外。

白渡牛肉干（梅县白渡）

清嘉庆年间，由白渡堡乡民宋宜钦始创"生利"牌白渡牛肉干，距今已有一百多年的历史。在坚持传统生产工艺的基础上，现今的白渡牛肉干制作采用了科学配料的新工艺，使产品增添了爽脆感和光泽度，成为南派牛肉干的知名品牌。

制作方法

白渡牛肉干选取客家黄牛的牛霖（即牛臀部的肉）来制作，将整块牛霖切成约5厘米长、1毫米厚的均匀薄片，再加入适量的胡椒、白糖、白酒、盐等调味料。在有阳光的情况下，把肉片均匀铺开风干4～5小时就可以进行第一次烘干了，完成全部制作有7道工序，大概需要3～4天。

非遗打卡

2020年，梅县白渡牛肉干制作技艺被列入梅州市市级非物质文化遗产代表性项目名录。

代表性传承人：宋增广

店铺地址：白渡镇芷湾大道174号白渡生利德盛老牌牛肉干门市

百侯牛肉干（大埔白侯）

　　百侯牛肉干的生产历史悠久，迄今已有三百多年。清朝初年，百侯为周边地区的中心集镇，每逢圩日，商贾云集，屠户必宰牛供应客商，但卖不完的牛肉经常只好自己吃，为此屠户很伤脑筋。有一次，姓杨的屠户灵机一动，将卖剩的牛肉放在炭火上烧烤，发现其味特香，试着加入各种佐料，其味更佳。于是，杨屠户后来就把卖剩的牛肉加工成牛肉干，结果牛肉干供不应求。他见有利可图，便开始专门生产牛肉干销售，百侯牛肉干渐渐声名远播。

百侯牛肉干色泽棕黄泛红，咸甜适中、酥润可口、清香鲜美，令人回味无穷。现在百侯镇侯南村全村有制作牛肉干的小作坊10多家，年产量约5 000公斤。

制作方法

百侯牛肉干的制作要掌握好几道工序：一是解衣，将上好牛肉去筋膜、脂肪，洗净沥干，切成0.2厘米厚的肉片。二是卤制，将佐料调成卤汤腌制10小时，除腥提香。三是焙干，放在炭火上文火焙干2小时，肉片含水量约50%时为风干状态。四是烘烤，放在铁柜式烤箱中烘烤4小时，以每片肉含水量约17%为宜。

非遗打卡

2014年，百侯牛肉干制作技艺被列入梅州市市级非物质文化遗产代表性项目名录。

代表性传承人：杨文明、杨振兴

店铺地址：大埔县百侯镇侯南村八角门

石坑柿花　（梅县石坑）

石坑柿花具有柔软、清香、凉爽、甜美的特点，富含多种维生素，更具多种药用价值：柿霜可以生津化痰、清热解渴、止焦心肺之热，对咽炎、口疮有明显的辅助疗效；柿花有敛肺气、扩张微血管、促进血液循环等功效。

梅县石坑柿花采用霜降节气后所摘下的成熟柿子，取掉柿子柄上的多余木质，削皮后整个放在竹摊上暴晒，早晚进行手工均匀挤捏，直至水分蒸发成月饼状，整个制作过程大约需10天，保质期150～200天。

— 非遗打卡 —

2006年，石坑柿花制作技艺被列入梅县区县级非物质文化遗产代表性项目名录。

大田柿花
（五华大田）

　　大田柿花有三大特点：一是果大、核小且少；二是肉厚质软，色泽橙红，味似蜂蜜，久藏不硬化；三是营养丰富，含有转化糖及游离酸，甘露醇及维生素C等，有润肺、健胃、降血压等药用功效。

制作方法

　　在晴天时，将去皮后的柿果放在竹筛上翻晒

三五天，然后逐个揉搓，十多次后使果肉成浑酱状，再日晒夜露约10天，直至水分基本蒸发，表层自然析出白色粉状糖分（俗称柿霜），工序算是完成。

─◦◦∽ 非遗打卡 ∾◦◦─

2010年，大田柿花制作技艺被列入五华县县级非物质文化遗产代表性项目名录。

代表性传承人：张军权

店铺：五华县长布镇大田青岗村

石坑柿花和大田柿花据志书记载都曾在明朝时作为贡品，而且之后一直在周边省市都很有名气，其制作技艺在民间一直处于活态传承的状态。

岁月的沉淀

——客家腌菜

　　每个地方的中国人都有若干种祖上传承下来的腌制菜或发酵菜的制作方法，成为这个地方的味觉记忆。腌和发酵，最初都是为了储存食物，以解荒月之需，久而久之，浓盐重味的腌制食物，成了当地人离不开的味觉依赖，味蕾上都好这一口。近年来，随着人们越来越重视健康饮食，无奈地远离了这些腌制食物，但又实在放不下，于是老味道新做法的腌菜应运而生。低盐、山泉水浸泡、无公害食材，让人们吃起来放心了不少。改良创新，既是传统技艺传承的一部分，也使得这些廉价的美味得以保留。现在，客家腌菜经过包装和宣传，成为地方特色农产品，幸哉。

梅塘梅菜

梅菜，是客家先民长期劳动积累的智慧结晶，是百姓餐桌一年四季都拿得出手的"常菜"，也是生活困顿时节虽素却极香的"邦"饭硬菜！而它与绝配的五花肉成就的梅菜扣肉，则是传统客家宴席的当家主角，客家人向来好客，逢年过节、婚嫁喜庆，都会好酒好菜招待亲友，餐桌上梅菜扣肉必不可少！

梅菜是客家人隐藏于味蕾的文化记忆，滋养

着世世代代的客家子孙。作为梅州的美食名片之一，到梅州品尝一碗梅菜扣肉，或者吃一份梅菜炒饭，一定是慢游梅州不会缺少的攻略之一。

很多人都会问一个问题："梅菜，是因为梅州产的所以叫梅菜吗？"

清光绪《嘉应州志》"物产篇"记载："州俗多植芥菜，至冬月斫取，挂至数日，以盐擦之曰水咸菜，晒干曰干咸菜，藏至十余年则谓之老咸菜，皆贮之于瓮，无埋地中者咸菜。广肇间呼为梅菜，缘此物梅产为佳，故名也。"

梅菜是用芥菜制成的，在梅州的大部分地区，都有种植芥菜的悠久历史，用芥菜做梅菜的传统也由来已久。在梅江区三角镇的梅塘村，梅菜是这里的一个标志性符号。

梅塘湾地处梅江河边，这里土质松软肥沃，通透性良好，抗旱能力强，是典型的河滩冲积地，水源地理特征使得这里特别适合芥菜、阳桃的生长，梅塘的阳桃甜嫩无渣，梅塘的芥菜硕大肥美。阳桃可以摘果直接售卖，而芥菜的收割，才是梅菜制作的开始。

梅塘湾自古就有大面积种植芥菜、制作梅菜干的传统，家家户户一代代传承下来从未间断。每年晚造秋收后，梅塘人便开始忙着在刚闲下来的水田里种植芥菜，待到冬月，芥菜长至80厘米高，每颗五六斤重时，便可收割，接着就进入到晾晒、精选、烫煮、擦盐、揉搓、入瓮，再出瓮洗菜、晾晒、揉搓、入瓮的慢制作过程。

制作方法

　　收割以后的芥菜先挂在竹竿上晾晒一天至软熟，收起放至烧开的水中快速烫熟后，让它们在空水缸中密封放置一晚，这叫"倒青"。次日清早，把芥菜（从水缸中）拿出来洗净，再放到竹竿上晾晒一天，下午时又收起芥菜，用粗制海盐均匀涂抹，用力来回揉搓，搓出水分，使盐分渗入，擦盐后再次将芥菜放入水缸中，密封一晚待其盐分渗透入味，如此反复几天。如天气晴朗干燥，四五天即可制作完成；如遇阴雨天，就要把梅菜放到通风干燥处晾晒，等天气晴朗再进行晾晒。制作完成后，将梅菜干一捆捆扎好，放入存放干稻谷的谷囤中密封存放半年，待其发酵出香味，便可取出来烹饪食用。梅塘芥菜选用的是梅塘本地自留的菜种，而且坚持只施用农家肥，所以制作出的梅菜干色泽金黄，味道香甜无渣，纯种古法使得梅塘梅菜可以保存数十年不腐不坏而醇香满屋。由于制作过程中自然发酵所产生的益生菌，梅塘梅菜具有不寒不燥、不湿不热、利膈开胃、宽肠通便、补充盐分的功效。

── 非遗打卡 ──

　　2020年，梅塘梅菜制作技艺被列入梅州市市级非物质文化遗产代表性项目名录。

　　代表性传承人：侯文芳

　　店铺地址：梅江区三角镇梅塘三组

梅县石扇咸菜在梅州家喻户晓，"松林的咸菜，坳下的糟，径尾的萝卜干，陈塘的鸭卵"，说的是石扇镇松林、坳下、径尾和陈唐四个村的土特产，其中咸菜当数松林咸菜。

石扇咸菜是用一种客家人叫"三月菜"的芥菜做的，味道微苦，暗含香气，这种微苦让虫子们很不喜欢，所以这种芥菜是不需要施药的。

石扇咸菜

咸菜好吃，做咸菜的芥菜一定要鲜美。据当地人介绍，松林村的芥菜品质好与当地一棵传说有五百年树龄的古榕树有关，因为灌溉芥菜的水，就源自这棵古榕树下的一个大池塘，榕边水塘，几近一亩，水源为泉，长年不涸，其水质清澈，味道甘甜，加上古榕树果实和落叶在池塘沉淀成充足的养分，芥菜以古榕树下之塘水浇灌，其梗粗长而不硬，叶绿嫩而不糙。

客家人厨房配菜少不了咸菜，煲出来的汤特别鲜美，炒出来的菜更香更开胃，咸菜和娘酒酒糟搭配起来风味更独特，猪肠炒咸菜、苦瓜煲咸菜、咸菜煲竹笋、咸菜煲苦笋、排骨蒸咸菜、三层焖咸菜、石扇咸菜鸡煲、石扇咸菜焖兔肉……石扇咸菜的特殊香味，成就了不少客家名菜，它是一种朴实的家乡美味，也是梅州人才懂得的味蕾的享受。

当地人说，做咸菜的芥菜菜种最好选"三桄哩"，"桄"是客家话"梗"，"三桄哩"的芥菜梗占三分之二，叶占三分之一，这种咸菜煲汤吃起来特别爽口，而且久煲不烂。芥菜种下一个星期后，芥菜的根已长得差不多了，这时候开始施农家肥，最好是腐熟发酵的花生枯水。待生长四五十天后，就可以砍下来晒。砍芥菜前的半个月开始停止施肥，这样的芥菜做出来的咸菜才会呈现人们喜欢的黄灿灿的颜色。有经验的农民会在屋檐下晾晒芥菜，这样既可以晒到太阳，又可以防止被露水打湿。芥菜通常要晾晒四五天，长得粗壮的芥菜则要晾晒一个星期。芥菜

晾到半干后从竹竿上取下来，每两株芥菜捆在一起，结成一团，既方便取用又容易入味。先在瓮的底部撒一层盐，再铺上一层捆好的芥菜，再撒一层盐，再放一层芥菜，直到把咸菜瓮基本填满为止，瓮口填上稻秆，用棕皮、蕉叶封口，然后将瓮倒置于谷壳之上，这就是古法的"伏瓮"。如果密封不严，做出来的咸菜就失败了，客家人叫"臭风咸菜"。大约过了四五十天后，最上面的稻秆颜色变黄了，取出稻秆后，一股清香的咸菜气味扑鼻而来，瓮里面的芥菜已经变成了惹人喜爱的黄色咸菜，这样制成的咸菜用来煲汤梗叶都会回青，且鲜甜醇香。

●─❀ 非遗打卡 ❀─●

2009年，石扇咸菜制作技艺被列入梅县区县级非物质文化遗产代表性项目名录。

寻味推荐：梅州各大超市、菜市场。

汤坑咸菜

汤坑咸菜是丰顺咸菜的一种，制作方法源自相邻的潮汕地区。

大约农历十月份晚稻收割完后，人们就在闲下来的田里栽种下包心芥菜苗，三个多月后就可以收获了。成熟的芥菜，大的可达8～10斤重，小的也有1斤多重，而且只有少许的、薄薄的绿叶，其余全是肥厚叶片。将上面少许的绿叶摘除，就是圆圆的、肥白的芥菜心了，汤坑人叫作

"大菜"，是最适宜腌制汤坑咸菜的食材。丰顺域内的高山地区种出来的大菜品质最好，黄泥地、日照时间适中、不冷不热、水源好等因素是优势，大罗、南寨、玉湖、埔寨、八乡山等地出产的大菜尤为优质。

将大菜洗净、晾干、略晒后，对半切开，逐一放于大木盆内，涂抹上海产粗盐，并揉搓使之渗入，再将其整齐码于陶质大水缸里，均匀地撒放适量南姜和糖，最后用石头压紧压实，加盖封存。数天后，大菜在盐的作用下变软，水分析出，这时候就要转缸，把两缸咸菜合为一缸，又一层盐一层菜地腌制。最后便是转入小缸进行密封保存。

新腌制的咸菜要在缸中放置三个月熟透后才可以上市，咸菜在缸中的发酵效果特别到位。等到咸菜发酵到呈金黄色，闻起来有香气的时候就说明熟透了。腌制后的芥菜能去其辛燥苦涩，转为性凉味咸酸，可以利气豁痰、健脾和中，民间会用其卤汁来治肺痈、咯血、喉痛、声哑、漆疮搔痒等，同时，咸菜腌制后产生大量的乳酸，能抑制人体肠内有害菌群和促进消化，其保健功效乃渗透于膳食之中。

以前的咸菜以煲来吃为主，现在人们也喜欢生吃或者炒来吃，特别是生吃，对咸菜的品质要求就更高了。这也促使汤坑咸菜产品更加多元化、精品化，南姜咸菜、低盐咸菜应运而生。

咸菜煲筒骨、咸菜煲老鸭、咸菜煲牛腩、咸菜焖肚肉豆干、咸菜捆粄、咸菜炒牛肉、咸菜炒猪肠……咸菜不管如何做，都是下饭开胃的，这就是咸菜的神奇之处。

"客家咸菜十分香，能炒能煮能做汤，味道好过靓猪肉，名声咁好到南洋。"在潮客交汇的丰顺，和很多食材一样，咸菜承载着潮菜本、客菜型的重任，在山野之鲜和海洋之味之间游刃有余，勇敢担当！

──◦◦ **非遗打卡** ◦◦────────────────

2007年，汤坑咸菜制作技艺被列入丰顺县县级非物质文化遗产代表性项目名录。

代表性传承人：黄进

店铺地址：丰顺县汤西镇西城村桃东坑1号

汤南菜脯

汤南菜脯距今已经有五百多年历史了，除了制作原汁原味的菜脯外，还有的把菜脯切成一片片，有的切成一粒粒，加上蒜仁、虾仁、香菇或辣椒就变成各种各样的口味，来迎合不同口味需要的人。

汤南菜脯甜脆可口，营养丰富，富含膳食纤维、多种维生素和微量元素等人体必需的营养成分，具有明显的调整胃肠功效、消除油腻、增进食欲、促进消化作用。同时因它不易变质，储存方便，携带也方便，近年入选丰顺县十大特产。

菜脯，就是萝卜干。

汤南镇隶属于梅州市丰顺县，语言以潮汕话为主，族群主要是属潮汕民系的丰顺潮汕人，在生活生产和饮食习惯上，和潮汕有着非常相似的地方。

🍚 制作方法

汤南菜脯的制作方法源自潮汕菜脯的制作方法。

腌制菜脯的主料就是白萝卜，而且以沙质土地生产的白萝卜为佳，每10斤新鲜白萝卜可腌制大约2斤菜脯。腌制菜脯的时间通常选在冬至前后，此时的白萝卜刚好大量上市，天气状况也非常适合腌制菜脯。白萝卜连叶子一起拿到平整的地方一字排开，让太阳暴晒一天，叶子就会慢慢变干，这个过程中叶子会把萝卜里面的部分水分也抽了出来，萝卜的表皮也变得有些软软的，这时就可以把萝卜去掉叶子，洗干净，切成两半，变成萝卜片，再把切好的萝卜片逐片泡一下盐水，然后把它们捞起放到竹簟里。用竹簟来装萝卜片，这是汤南镇制作菜脯和潮汕地区是一脉相承的习惯，在丰顺的其他乡镇都是直接在田里挖土坑，然后把萝卜放到坑里腌制。竹簟的下面用稻草铺好，把萝卜片放进竹簟里，每三层萝卜片撒上适量粗盐，三层萝卜片一层盐，最后用稻草覆盖，压上大石头。第二天早上再把萝卜片拿出来晒。这样反复操作两三天后，萝卜片已逐渐变得更柔软了。到了第四天，收萝卜时就不用泡盐水了，而是在每一层萝卜上面撒一层薄盐，最后盖上干净的稻草或甘蔗叶，再用石头压在上面，挤掉萝卜片里的酸水。隔天早上又拿出来暴晒。如此反复暴晒了十五六天，就全部晒好了。把它们全部放到大水缸里，先在缸底铺上一层薄盐，然后一层萝卜片一层薄盐，萝卜片排得整整齐齐并压实，最后盖上薄膜绑紧，压上石头，密封得越好，来年做出的菜脯越香，这个环节马虎不得。

腌制半年左右的菜脯不要急于开缸，而应将它继续密封贮藏起来，当初又脆又鲜的菜脯就会慢慢变得又松又软。

如果贮藏三五年时间，菜脯变得极老，味道更加浓烈，缸里也开始出油，颜色发黑和老抽差不多，这就是菜脯油，它是极品的调味料，而此时的菜脯也就变成传说中的老菜脯了。

—— 非遗打卡 ——

2007年，汤南菜脯制作技艺被列入丰顺县县级非物质文化遗产代表性项目名录。

代表性传承人：罗俊钦

店铺地址：丰顺县汤南东方合山口工业区

血脉的酿造

——客家酒文化

　　一方水土养育一方人，一方水土也成就一个地方的美食，而和水土关系最密切的当属酿酒了。酒，是靠山而居的客家人调理身体、愉悦身心的良方。酒，对客家人而言，是释放，是舒展，是对内敛个性的酣畅表达，也是生活激情的舌尖绽放！客家酒的甜蜜温醇，满含着客家人对美好生活和血脉传承的欣喜和感激，酿出的，是客家人骨血里奔放的情怀，和他们对天地山河虔诚的敬仰！

长乐烧酒制作工艺

　　玳瑁深山有长乐，滴滴酒香渗古今。

　　长乐烧酒制作工艺发轫于晋，成熟于明，纯
青于今，得名于公元1071年宋朝长乐县之设置，
迄今已有逾千年历史。明代长乐（今五华县）各
乡已普遍采用糙米焖饭、小曲发酵、小盆蒸馏的
技术酿制烧酒，但在众多的烧酒品种中，仍数
岐岭长乐烧最为著名。据清道光二十五年（公
元1845年）《长乐县志》记载：县属出产烧酒甚

多，长乐烧著称，岐岭为最佳。

在岐岭太平山区独特的生态环境下，长乐烧米香型白酒以大米为原料、小曲为糖化发酵剂，以米饭前期固态培菌糖化，后期加水转缸半液态发酵、液态蒸馏而成，具有浓郁的小曲米香。长乐烧酒制作工艺，包括浸米、焖饭、摊凉、落种、拌匀、落瓮、转碗、接水、翻醅、封醅、发酵、蒸馏、窖藏、勾调等，每道工序缺一不可，而且制酒过程中选用优质稻米为原料、采用自制特种饼曲为糖化发酵剂、汲取粤东名山玳瑁山穿石而出之甘泉精制而成，酿出的长乐烧酒蜜香幽雅、醇厚绵柔、舒适引口、回味怡畅、醉不上头，有"一滴沾唇满口香，三杯入腹浑身泰"之誉。

值得一品的是长乐烧酒，值得一去的是岐岭小镇。说它是客家茅台镇一点都不为过。明代中期，岐岭小镇家家

户户就已经懂得了长乐烧酒的制作工艺，商号、酒肆随处可见。到20世纪三四十年代，岐岭酒业更加兴旺，整个小镇就像个天然的酒池，酒店和小作坊上百家。

如今，当你走进长乐烧酒厂的"南国第一窖"，马上会感受到空气中弥漫着的沁人心脾的酒香，仿佛在迎接远方来客。酒瓮高过人头，每个酒瓮藏酒一吨，经糖化、发酵的初成新酒，被注入这些特制的地缸进行封存，在恒温恒湿的环境中，经年累月，自然老熟。你会被告知，在酒的蒸馏过程中，先从蒸馏口流出来的酒是酒头，酒头的浓度最高，随后从蒸馏口流出来的叫酒心（亦称酒腰），这部分浓度适中，从蒸馏口最后流出的是酒尾，酒尾度数较低，而且蒸馏越到后面度数越低。酒头酒尾是要去掉的，这样蒸馏出来的酒才能确保其纯而美味。

曾有人用同样的工艺在外地制酒，其成品总是少了在岐岭制作出来的酒的蜜香轻柔、醇厚绵甜、幽雅纯净、回味悠长，不同的环境、不同的水质、不同的窖藏气候，决定了酒的不同品质。

长乐烧酒制作工艺被不少专家学者推荐为中国白酒的起源酒，长乐烧生产的52度和45度长乐烧酒分别被评为全国白酒（米香型）感官品评、外观评价总分第一，它的制作工艺对全国小曲半固体发酵米香型白酒的研究及现代白酒酿造技术促进有很深的影响力。国家优质酒、酒类质量大赛部优质酒、首届中国食品博览会金奖、中国知名白酒信誉品牌、中国名优食品、广东十大名酒……这些荣誉和身份认定，既是客家人在制酒工艺中智慧的结晶，也是客家山水对勤劳坚韧的客家人的丰厚的回馈。

── 非遗打卡 ──

2013年，蒸馏酒传统酿造技艺（长乐烧酒制作工艺）被列入广东省省级非物质文化遗产代表性项目名录。

代表性传承人：詹汉林、黄名扬

店铺地址：五华县岐岭镇凤凰村

客家娘酒酿造工艺

靠山而居，是客家人的生存状态；瘴气湿重，是客家人要一直面对的环境。山上的水，瓮中的酒，成了客家人调理身体、愉悦身心的良方。来到梅州后的客家人，融合了原住民畲族的酿酒技艺，形成了这方水土上独特的酒食文化。逢年过节、婚庆寿宴、红白好事宴请亲友，谓之"请酒"或"做酒"，如轿下酒（也叫

暖轿酒)、结婚酒(也叫完婚酒)、添丁酒、三朝酒、满月酒、周岁酒、升学酒,等等。而在客家丰富的酒食文化中,娘酒的制作工艺和食用方式最为独特。

要说娘酒,先弄清楚酒娘。做糯米酒,一般一对时(12小时)就来"娘",即为"酒娘"。"无娘"即没来酒娘,代表蒸酒失败了。客家人做糯米酒,酿够时间后不加水的酒娘,就叫娘酒,也叫全娘。娘酒能保留时间更久。娘酒用稻秆火炙过后叫老酒。将酒水(即酒娘)榨出来后,酒糟加水第二次发酵出的酒汁叫黄酒,也有叫水酒的。

梅州市范围内的梅县区、梅江区、兴宁市、大埔县、平远县都有客家娘酒、客家黄酒的酿造技艺入选县级、市级和省级非物质文化遗产代表性项目名录。娘酒酿造的基本做法是:选用晚季稻糯米(最好是刚去掉谷壳的),经过浸泡、蒸饭、冷却后,拌入客家特有的酒饼,自然发酵(各地气候不同,发酵时间三到七天不等),转入大缸密封放置,放置的时间视成品酒的用途而定。如果这瓮酒做好就要食用的,就在缸内放置两三个月;如果是储备慢慢食用或者售卖的,最好放置一年以上。然后开缸,分离出酒汁和酒糟,把酒汁盛入陶瓮中,封紧。在酒瓮四周围上谷糠或稻草,阴火炙烤一天一夜,温度必须一直准确控制在临近沸腾的状态,才能起到杀菌和稳定酒体的作用,而且,经过长时间的火炙,娘酒在临近沸腾的状态恒温地蕴养着,其颜色会从清水带乳白色转变为琥珀色,娘酒也会

变得更加芳香浓郁。待其自然冷却后，放置一周左右，才可以食用或装瓶。

客家娘酒酿造技艺里面有三个最独特的地方：一是用饭甑蒸出来的糯米米香才更浓郁，粒粒分明，软硬适中，这样的效果是现代炊具难以实现的；二是酒饼，配方源自梅州地区原住民之一的畲族，由十几种药材配置而成，非常契合梅州当地的温湿度和水质，酒饼是植物酵母，是制作客家娘酒的宝贝，有人把客家酒饼和普通酒曲比喻为白糖与糖精，很形象；三是"火炙"，这也是客家娘酒最独特的地方，因为娘酒是客家人给坐月子的妇女食用的，女人生产后体虚，娘酒在陶瓮中煮开，既能起到灭菌的作用，又能让酒里的氨基酸等物质充分释放，而且口感更醇香，用来和土鸡一起烹制客家月子鸡酒，具有滋补或调养身体的功效。

　　娘酒对客家人来说有种特别的情结，因为娘酒是为女人坐月子准备的，酒香馥郁的月子里，从女孩蜕变成母亲，或者从母亲升格为祖母，而这也预示着这户人家迎来了添丁之喜，何等幸福！而孩子一出生就闻着母亲月子里吃的娘酒煮鸡的味道，娘酒的亲切自然地就深植于一代又一代客家人的血脉中。

　　家庭自用的娘酒，一般每年只酿一次，在入冬后，水质的硬度更适合酿酒，所以客家娘酒也被叫作冬酒。如果家里有女儿或者媳妇怀孕了，那就要额外专门酿制，酿娘酒就成了全家人都得配合打下手的头等大事，一般家里今年有婚嫁的，就会计划好留出一块田地来种糯米，家长们会觉得自己种的才有最好的品质，自己种，自己收，这才放心。产妇坐月子期间，几乎每天每餐都吃用老酒炒煮的姜鸡酒，要吃到小孩满月为止，以给产妇恢复元气，强身健体。

　　娘酒，千百年来承载着客家人传宗接代的食补重任，是客家饮食文化中最具仪式感的元素，它既是生活给客家女人的最高奖赏，也是客家女人对生活的最大贡献。

———❦❦ 非遗打卡 ❦❦———

　　2013年，酿造酒传统酿造技艺（梅县客家娘酒酿造技艺）被列入广东省省级非物质文化遗产代表性项目名录。

　　2011年，客家娘酒（兴宁老酒酿造工艺）被列入梅州市市级非物质文化遗产代表性项目名录。

　　2012年，客家娘酒（梅江区客家娘酒）被列入梅州市市级非物质文化遗产代表性项目名录。

　　2016年，平远八尺娘酒酿造技艺、兴宁珍珠红酒酿制技艺被列入梅州市市级非物质文化遗产代表性项目名录。

　　2013年，客家黄酒酿造技艺被列入兴宁市县级非物质文化遗产代表性项目名录。

　　2007年，客家黄酒酿造技艺被列入大埔县县级非物质文化遗产代表性项目名录。

　　2018年，义学客家老酒制作工艺被列入五华县县级非物质文化遗产代表性项目名录。

　　2018年，奇怪酒制作工艺被列入五华县县级非物质文化遗产代表性项目名录。

　　2021年，高思米酒酿造技艺被列入蕉岭县县级非物质文化遗产代表性项目名录。

　　寻味推荐：当地各大超市、客家特产店、电商平台。

日月的浸润

——客家茶文化

滚水泡茶味道甘，
人情好来食水甜。
过得门来就系客，
安安乐乐一杯茶。

客家话里，吃、喝、吸都叫作"食"，喝茶，就叫食茶。长年在山区耕种劳作，老百姓学会了种茶、做茶、食茶。客家人把泡茶敬客作为一种礼仪，亲戚朋友、三五知己，客人来了，不论贫富，主人都会先泡上一壶热气腾腾的香茶，边坐嬲边食茶（一边坐着闲聊，一边喝茶），这是客家人的基本礼仪。

在隆重的娶亲仪式中，新人谒见长辈也要行敬茶礼，以表示对长辈的敬重。明、清两朝的客俗婚礼，视茶叶为吉祥物，摆设洞房中。有食新茶诗记载："嘉应三月有春茶，只惜茶时不在家，何意今朝官阁里，一瓯新水浸云花。"

梅州客家茶文化底蕴深厚，自古以来，客家人就在路边山涧自发建起茶亭，供路人遮风避雨、解渴歇息。梅州人把自产自食的茶简单地分为"青汤"和"赤汤"两种，青汤指的是绿茶类的茶，赤汤指的是乌龙等茶汤呈红棕色的茶。

梅州地处中南亚热带过渡地带，全市境内海拔千米以上的高山有140多座，气候温暖，雨水充足，土壤多属红、黄寒酸性土，非常适宜茶树的生长，是广东省著名的茶叶生产基地。早在明清时期相继出现的梅县清凉山茶、丰顺县马图茶、大埔县西岩茶、五华县天柱山茶等都是岭南历史名茶。

茶事是客家人生活里不可或缺的一部分，因此而衍生出了生动丰富的客家茶歌茶舞、茶诗茶联等茶文化内容，客家山歌里面有关种茶、做茶、食茶的有百多首，客家采茶戏更是对客家茶最好的文艺诠释。

客家山来客家水，
山青水美出好茶。
我用山歌当滚水，
曲香茶浓敬大家。

——梅州，等着你，来喝茶！

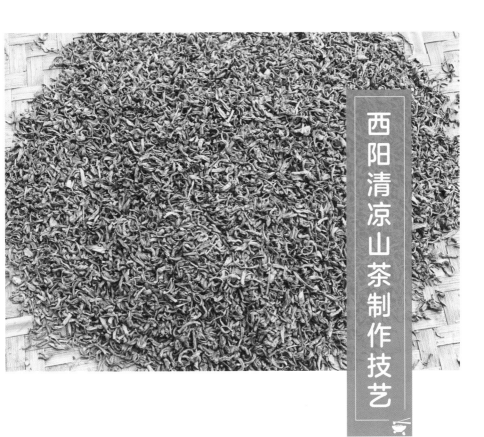

西阳清凉山茶制作技艺

　　西阳镇原属梅县（今梅县区），近年才划归梅江区。说到西阳清凉山茶，那可是整个"大梅县人"食惯了的味头。这种味头，就是茶汤里的炒米香味；这种味头，在当地人的味蕾里面已经留存了数百年！

　　清凉山，是五百多年的老茶场。清凉山茶，早在清朝时期就已经是名誉圣享的名茶了！清凉山茶农从明代开始种植"谷壳茶"树种，之后茶农们又在梓树坳培植出了后来闻名海内外的梓树坳茶品种。清光绪年间《嘉应州志》中记载：

"州山高石露，故产佳茗，而以清凉、阴那、三台诸山所产为最……味清似龙井。"清凉山茶农梁氏家族于明弘治年间，由闽迁粤，世代种茶，茶技精湛，声名大噪。明末清初，清凉山茶已在粤地深负盛名，清代已在梅县设清凉山茶行。1860年汕头辟为商埠后，茶叶成为热销品，特别是汤色碧绿、清澈明亮、滋味甘醇的清凉山茶，远销东南亚诸国，在华侨中享有盛誉。

20世纪70年代，清凉村兴办国营清凉山茶场，一批知青在政府号召下来到这里，和当地农民并肩垦复老茶园，开辟新茶区，打通了环山公路和出城公路。经过一代又一代茶农的传承发展，清凉村已是家家有茶田、代代会制茶，清凉村茶田种植面积已超过六千亩，清凉山茶制作技艺传承得红红火火。

每年春季，站在平均海拔800米的清凉山俯瞰，层层云海，垄垄翠绿，茶田藏身于云雾之中，和正在采摘的茶农构成一幅美丽画卷，谱写着欢乐的茶园春曲。

清凉山土质属燕山期花岗岩、石英岩、紫色砂页岩结构，分布有南方山地草甸土、黄壤、红壤、赤红壤、紫色土、水稻土、潮泥沙土、菜园土等土壤类型，以黄红土土壤为主，偏酸性，土壤疏松、湿润、有机质含量高，且富含硒，适宜种植茶树。而且，清凉山脚下，是一座正常蓄水位达237米的水库，相对湿度大，有着高山茶园良好的小气候环境，极适宜茶树生长并有利于茶叶中有机物质的积累和蛋白质、氨基酸等含氮化合物的形成。

清凉山茶的茶树是灌木型小叶种，虽然产量较低，但品质优异。清凉山茶一年采三至四轮，分别称为头春、二春、禾花和雪片。从品质来讲，以雨前采的头春茶为最佳。茶加工工艺独特，其制作过程包括采摘、摊晒、杀青、揉捻、摊凉、干燥（炒茶）、筛末、复火等十几道工序。传统工艺制作使得成茶条索紧结弯曲，灰绿起霜较匀整，炒米香浓郁，汤色黄绿清澈，滋味甘醇爽滑，叶底黄绿柔软。饮清凉山茶沁人心脾，饮用后唇齿留香。不少老中医认为清凉山绿茶，具有强身健体、提神醒脑、化痰止咳之功效。

自古名茶配好水，好水一定来自好泉。清凉山的邦公坑有一口山泉，水质清澈透明，饮之有"甘冽"之感，泉眼旁有块方石，人踩上去则泉水汩汩流出，取之不尽；人若不踩石头，则永保清澈的"一泓清泉"，从不溢出，且大旱之年永不枯竭。梓树坳的茶用邦公坑的水煮沸冲泡，茶色独醇，茶味独香，茶感独滑。所以，邦公坑的水，梓树坳的茶，山水名茶，相得益彰，是清凉山的又一绝。

━┅▣ 非遗打卡 ▣┅━━━━━━━━━━━━━━━━━━

2014年，西阳清凉山茶制作技艺被列入梅州市市级非物质文化遗产代表性项目名录。

代表性传承人：梁赵芳

店铺地址：西阳镇清凉村树山尾

丰顺县马图茶制作技艺

　　马图村位于丰顺县、梅县区交界的九龙嶂（海拔1029米）和北山嶂（海拔1050米）山区腹部，终年云雾缭绕，森林茂密，方圆百里无任何污染，为亚热带气候，雨量充沛，年降雨量约为1529.5毫米，阳光充足，四季常青，"三伏暑天如寒秋，四季云雾泛浪头"，土壤和气候条件非常适宜茶叶生长，当地村民有三百多年种植茶叶的传统。得天独厚的自然条件与人文环境，为发展天然绿色的马图茶叶种植提供强有力的保障。

🍵 制作方法

马图茶的采制，只采"二叶一芯"的标准叶。整个制作过程分为采摘、摊青、杀青、揉捻、干燥、造型等工序，需花费5小时，基本都是手工操作，且用的都是柴火，唯一用到的机械就是揉捻工序，为的是使揉捻出来的茶叶更加完整成条，苦涩味去除得更加完全，久藏不坏、味久益醇。

采摘，遵循"三不采"原则，即阴雨天不采、晨露不采、日烈不采，也有说法是不采雨水叶、红紫叶、虫伤叶。纯手工采茶要求提手采，保持芽叶完整、新鲜、匀净，不夹带鳞片、鱼叶、茶果与老枝叶，不宜捋采和抓采、掐采。

摊青，采摘下来的茶叶摊放在室内阴凉处篾晒垫上，晾青7~8小时，中途均匀翻动三四次，减少茶青水分，叶片以青绿变为嫩绿为宜，使其青草味部分散失，香气增高，促进蛋白质水解，产生更多氨基酸，增加茶汤的鲜爽度，甘甜味；使茶多酚分解转化，减少茶的苦涩味和青草味，部分复合态的芳香化合物降解，增加了可挥发的芳香物质，茶叶发出淡淡的清香，可提高成茶香气；鲜叶失水，叶内叶绿素变化，色泽变深绿，叶质变软，可塑性增强，便于造型。

　　杀青，这是最关键的一环，很大程度上决定一杯茶的最后口味。绿茶的形状、香味，都与杀青紧密相关。具体操作是将茶叶倒入锅内，随即用双手翻炒，使茶叶均匀受热，水分快速蒸发。手工操作时要求适温、适度、适量，温度适当先高后低，切忌温度过高或过低。当茶叶手握成团落地散开，茶梗不易断即可。随着水分的蒸发，鲜叶中具有青草气的低沸点芳香物质挥发消失，从而使茶叶香气

得到改善。

　　揉捻，茶叶出锅后，放在篾盘上，及时清风散热。同时，用双手在篾盘上反复揉捻，使茶叶细胞组织受到一定程度的损伤，内含物质渗出，为成品茶香味发挥打下基础。揉捻是绿茶塑造外形的一道工序。通过外力作用，使叶片揉破变轻，卷转成条，体积缩小，且便于冲泡。同时，茶汁挤溢附着在叶表面，对提高茶滋味浓度也有重要

作用。

干燥、造型，手工传统绿茶制作一般没有单独的造型工序，而是把造型与干燥结合起来，其关键是随着茶叶含水量的下降，根据不同的外形要求在锅中把握好火候，采用不同的手势，掌握力度，在逐步干燥中造型又在逐步成形中干燥。这一过程费时费力最多，但极为重要，直接影响茶叶的品质。干燥，是起到茶叶整形做形、固定茶叶品质、发展茶香的作用。干燥方法有烘干、炒干和晒干三种。绿茶的干燥工序，一般先经过烘干，然后再进行炒干。因揉捻后的茶叶含水量仍然很高，如果直接炒干，就会在炒干机的锅内很快结成团块，茶汁易黏结锅壁。所以茶叶要先烘干至含水量降低到符合锅炒的要求。

──▣▶ 非遗打卡 ◀▣──

2014年，马图茶制作技艺被列入梅州市市级非物质文化遗产代表性项目名录。

代表性传承人：何运新

店铺地址：丰顺县罗湖路16号马图茶业店

梅州地区的地方名茶中，有一些是从当地古寺庙僧人种植开始的，五华天柱山绿茶就是其中之一。

公元960—1280年的《惠州府志》中就有长乐（今五华县）生产土茶的记载。五华天柱山位于五华县东南部棉洋镇境内，天柱山上有个斋堂（寺庙）叫桃园洞。据《五华县志》记载，桃源洞为明代建筑，历代和尚都在寺庙前栽种茶树、加工茶叶。这就是天柱山茶场的前身，慢慢地当地农民也学会了栽种茶树和制作这种小叶茶，当地农民亲切地称之为"家茶"。

"天柱峰峦，高峙云表，晓雾布浸，淑气钟之，故味不待熏焙，自然馨香，而悬崖绝壁间有不种自生者，尤为难得，谷雨采贮，不减龙团雀舌也。"天柱山的土质为略带砂质的红黏土，每当春夏之交，满坡满谷兰蕙竞放，淡雾清香融为一体，于是茶树汲取香雾，丛丛茶棵，枝枝嫩叶，翠绿欲滴，如此仙境般的氛围，让天柱山的茶透着淡淡的禅意。

天柱山传统绿茶品种为本地小叶种，采一芽二叶，炒茶工艺遵循古老的炒茶技艺，包含采茶、摊青、杀青、揉捻、烘干等工序。成茶条索紧结匀整，俗称"纸爆茵"，有身骨重，耐冲泡，提神醒脑的独特风格，经泉水冲泡，一股香气袅袅上升，香气清芳馥郁，汤色清澈明亮，香甘滑醇爽口，喝后味浓而回甜，沁人心脾。

由于天柱山茶场的前身为桃源洞斋堂，吃斋的人长期饮用，不生疾病，所以被传颂为"化斋神茶"。当地文人作诗云：

做茶师傅手艺精，皮皮做成纸爆茵。

夜半三更瞌目睡，一壶饮下就精神。

———— 🍵 非遗打卡 🍵 ————————————————

2014年，天柱山绿茶制作技艺被列入五华县县级非物质文化遗产代表性项目名录。

代表性传承人：宋文南

店铺地址：五华县棉洋镇天柱山茶场

大埔县是"中国名茶之乡"，公元960—1280年的《潮州府志》中就有大埔生产土茶的记载。大埔县西竺寺的历代和尚，都在寺庙前栽种茶树、加工茶叶。明朝时期，茶叶生产已遍布全县，清朝时大埔县西岩茶已获评地方八大名茶之一。大埔人祖祖辈辈都有种茶、饮茶的习惯，如今在很多古村落的房前屋后均可见百年茶

大埔西岩乌龙茶

树，在西竺寺旁边，还存留一株几百年的老茶树。

枫朗镇位于大埔县东南部，是古今东进闽南，南下潮汕的交通要塞。茶叶一直以来就是枫朗镇主要的经济产业，西岩单丛茶、西岩奇兰茶、西岩黄枝香、西岩乌龙、西岩金萱、西岩翠玉、西岩黄旦、西岩梅占、西岩毛蟹、西岩玉兰、岩中玉兔、西岩苦丁等，都出自枫朗。

枫朗西岩茶制茶技艺可分为十二道工序：采青、晒青、晾青（摊青）、摇青（做青）、杀青（炒青）、揉捻、打散、初烘（水焙）、足火烘干（大焙）、拣剔、包装出厂、品茗。

─•꘡ 非遗打卡 ꘡•─────────────────────────•

2016年，大埔西岩乌龙茶制作技艺被列入大埔县县级非物质文化遗产代表性项目名录。

寻味推荐：当地超市、客家特产店、电商平台。

大埔飞天马有机乌龙茶

西河镇横溪村飞天马山山麓，海拔在900～950米之间，属于亚热带季风气候，冬无严寒，夏无酷暑，水热同季，热量和水分资源丰富。年平均气温20℃，年降水量1 555毫米左右，方圆几十千米无任何污染，常年高山云雾缭绕，水资源比较丰富，山间清泉终年不断，水质优良；土壤多为微酸性黄壤，土层深厚、疏松、肥沃、有机质含量高，是茶叶种植的宝地。

　　随着有机茶种植的全面实施，将最大限度减少农药化肥施用，对保护和增强农业生态系统抗灾能力、保护生态环境、提高区域环境质量具有明显作用，同时可以增加植被、增强生态系统的抗干扰能力，有利于维护区域生态系统多样性和稳定性，森林水源涵养和水土保持能力会得到明显提高，生物多样性成果也会明显加强。

━━ 🏵 非遗打卡 🏵 ━━━━━━━━━━━━━━━━━━━━━━━━

　　2016年，大埔飞天马有机乌龙茶制作技艺被列入大埔县县级非物质文化遗产代表性项目名录。

　　寻味推荐：当地超市、客家特产店、电商平台。

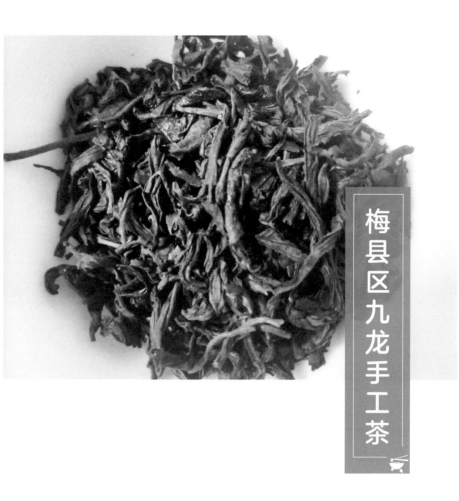

梅县区九龙手工茶

　　梅南九龙手工茶是客家地区的传统茶类品种之一，梅南种茶历史始于清末，距今已有一百多年的历史。

　　位于梅县区梅南镇的九龙嶂，山势蜿蜒不断，山谷被森林覆盖，密不见底。驻足九龙远眺山头，据说有99座高低大小不一的山头，其中有9座比较雄伟高大的山头似9条青龙，一直延伸到远处，九龙嶂因此而得名。

　　九龙绿茶生长在平均海拔上千米的九龙嶂，这里全年平均气温为18℃，雨量充沛。名山蕴名水，名水育名茶。纯净的空气、清澈的山泉、绿色的山林孕育了九龙嶂生态绿茶。

　　九龙手工茶是用手工采摘茶心和嫩叶，经过炒茶青、搓茶、炒茶等一系列纯手工的传统制茶工序而成的。因口感有"香、甘、滑"的特色，而深受品茗爱好者的青睐。

　　一般是采摘三叶一芯或四叶一芯，摊青时厚度不能超过10厘米，摊凉到叶子柔软折不断的时候就可以了，一般需要5～8小时。然后进行第二道工序，杀青。杀青对绿茶的品质起着决定性作用。通过高温，破坏鲜叶中酶的特性，制作多酚类物质氧化，以防止叶子红变；同时蒸发叶内的部分水分，使叶子变软，为揉捻造型创造条件。揉捻是形成绿茶外形的主要工序，在于揉成紧结圆直的外形，并使叶细胞破碎，挤出茶汁附着叶表面，以增进茶汤的浓度。揉捻好了就进入炒干的工序，大概要1.5小时，炒到茶叶变霜白色就可以了。

　　九龙嶂手工茶具有"香、甘、滑、柔、醇"等特点，它的香是独具客家传统特色的"锅香味"，回甘回甜。在青山绿水间，泡上一壶好茶，真是一大享受。

　　手工茶在梅县区的其他很多地方都有，丙村的客家手工茶制作技艺也被列入县级非遗项目名录，而他们在手工茶的制作基础上，把茶叶放进柚子果里面陈放，做成的金柚陈茶，也被列入县级非遗项目名录。

———◆❖ 非遗打卡 ❖◆———————————————————

2009年，九龙手工茶制作技艺被列入梅县区县级非物质文化遗产代表性项目名录。

寻味推荐：当地超市、客家特产店、电商平台。

2014年，金柚陈茶制作技艺被列入梅县区县级非物质文化遗产代表性项目名录。

寻味推荐：当地超市、客家特产店、电商平台。

2014年，客家手工茶制作技艺被列入梅县区县级非物质文化遗产代表性项目名录。

代表性传承人：刘锋

店铺地址：梅州市梅江区三角镇梅水路南贝乐商行

2019年，潭江高山茶制作技艺被列入丰顺县县级非物质文化遗产代表性项目名录。

代表性传承人：钟奕苗

店铺地址：丰顺县潭江镇凤坪畲族村下村水口塘（凤畲茶业公司）

2021年，猪兜窝茶制作技艺被列入蕉岭县县级非物质文化遗产代表性项目名录。

寻味推荐：当地超市、客家特产店、电商平台。

客家擂茶

　　擂茶，又名三生汤，起于汉，盛于明、清，在华南六省流传已久。五华的客家擂茶融入了本土客家元素，配料和吃法也自有特色。五华人做擂茶讲究养生与味道相结合，以绿茶、芝麻、花生为基本配料，根据不同的时节或者结合身体保健的需要配上绿豆、胡椒、姜、薄荷、香菜、紫苏、艾叶、蒲公英、金不换、白花蛇舌草等配料，如冬天加姜或胡椒驱寒，夏天加绿豆清热解暑，清热解毒加白花蛇舌草或蒲公英，消痰平喘加紫苏。为了提升擂茶味道，还会加入虾米、麦仁、赤豆、炒米等就着吃，所以在五华南片的民众中各有各的配方，各有各的味道。

擂茶配方复杂，制作却不复杂。把配好的材料准备好后，先把绿茶茶叶放入擂钵，用一根半米长的擂棍，频频舂捣、旋转，边擂边时不时地放入其他材料，直至擂钵中的材料捣碎。然后加入沸水冲一冲，讲究一些可将茶料筛滤加水煮沸，香喷喷的擂茶就做好了。

— ☖ 非遗打卡 ☖ —

2020年，客家擂茶制作技艺被列入五华县县级非物质文化遗产代表性项目名录。

寻味推荐：当地百姓家中。

山野的滋养

——客家土法榨油

　　悠悠的水车，沉重的碾盘，沧桑的木撞，强壮的汉子……这些就是我们提起古法榨油时所能想象出来的画面。古法榨油，又叫土法榨油，是一种历史悠久的传统制油技艺，早在五千多年前的中国、埃及、印度等古老国家就开始使用土法榨油了。在客家地区，土法榨油有两千多年的历史，梅州山区的山山岃岃（山岗）上自古就长满了野生油茶树，没有人给它施肥喷药，都是原生态地生长着（现在的油茶基地种植的油茶树是有人工管理的），这些油茶树结出的果子榨出的茶油，滋养了世世代代的客家人。

一般100斤茶果可得茶籽30斤左右，而100斤上好的茶籽可榨油20斤左右。茶子壳是天然的好肥料，它是碱性原料，把它烧成灰可以做碱，用来腌咸蛋，也可以撒在自家的菜园里做肥料。从迎接呱呱坠地的婴儿开始，客家人就和茶油有了亲密的接触——客家人习惯用茶油涂抹在刚出生孩子身上，以此洗去婴儿身上的胎垢，客家人认为茶油能让婴儿的皮肤光滑且更有抵抗力。土法榨出的茶油色泽金黄或浅黄，品质纯净，澄清透明，气味清香，是山边客家人烹饪野味的最佳搭档。榨油后的茶饼也是宝贝，以前没有洗发水时，女人们就用它来洗头发，还可以用它洗衣服、杀虫等。

罗岗镇高山茶油制作工艺

      兴宁高山茶油碾榨技艺迄今至少有四百年的历史。早在宋元时期，这里的原住民就开始使用竖压式碾榨山茶油。明代以后，南迁而来的客家人开始改原有竖压式碾榨技艺为横卧式撞击技艺，并一直传承延续至今，而这种榨油工艺与明代《天工开物》记载的立式楔子机榨油的操作流程几乎完全相同，可见其历史源远流长。

罗岗镇从清代开始大面积人工种植油茶树，榨油作坊也随油茶产量的增加而增加。到了20世纪末，由于大部分榨油作坊已改用电动机械。传统碾榨作坊仅存元潘油坊和潘洞油坊。目前潘洞油坊仍保留着完整的山茶油碾榨技艺。

罗岗高山茶油碾榨技艺的主要设备有水车、碾盘、油槽及柴火灶等，主要工具为石槌、楔子、饭瓢等。工艺流程有摘果、晒果、去壳、晒核、碾核、蒸粉、压饼、装槽、打楔子、下槽、过滤装罐等十一道工序。每道工序环环相扣，其中的核心技艺主要有：一是必须在茶果成熟期的霜降期间采摘茶果。二是必须把茶核晒干至水分含量15%以内。三是必须把茶核碾成细小均匀的粉末。四是必须用猛火把茶核粉蒸熟至用手可捏成团，手放开后又会慢慢散开。五是在压饼时温度必须保持在65～85℃，在压榨时温度保持在65℃左右为好。六是装槽时，必须把茶饼装平直，饼与饼挨紧。七是打楔子榨油时，必须"先轻、后重、再缓"，先轻打20次左右，待茶饼挨紧出油量加大后开始重打15次左右，然后每隔几分钟轮换轻打或重打一次，几个回合后，见无油再出，即可下槽。

用这种技艺碾榨高山茶油不但比竖压式省时、省力，出油率高，而且所碾榨的高山茶油，色泽透明，略呈金黄色，味道芳香清醇，并更好地保存了其营养保健价值。

罗岗高山茶油碾榨工艺传承历史悠久，它特有的手工

操作工艺凝聚了客家人勤劳、智慧和吃苦耐劳的精神。发展高山茶油传承特色产业对兴宁山区经济的发展也起到了积极作用。

—◦ 非遗打卡 ◦—

2011年，手工榨油技艺（罗岗镇高山茶油制作工艺）被列入梅州市市级非物质文化遗产代表性项目名录。

代表性传承人：杨汉金

店铺地址：兴宁市罗岗镇潘洞村榨油厂

平远手工榨油技艺

平远手工榨油技艺，是客家人南迁时从江西带过来的，是在北方石槽榨油术的基础上，发展创建成客家人"盘碾锤撞"的油坊榨油工艺。

手工榨油技艺一般有四道工序：第一道工序是把晒干挑净的油茶籽烘干。第二道工序是把已烘干的油茶籽投放到碾盘上碾碎。碾盘的动力由水车带动，水车的直径一般为2米，碾盘的直径一般为4米。第三道工序是蒸末包饼。茶籽碾成粉末之后用木甑蒸熟，然后用稻草垫底将它填入圆形的铁箍之中，做成胚饼。第四道工序是装饼榨油。将胚饼装入由一根整木凿成的

榨槽里，把茶饼装入油枋树后，用油锤来回击打木桩挤压油饼榨油。

榨油坊一般建在村落集中、水力资源充沛的小溪岸边。利用山溪的水流为动力来冲动水车转动，使它带动碾盘。作坊的构成一般分为动力、烘干、碾末、蒸末包饼、榨油等部分。工具有油枋树、油锤、进油椎2根、退油椎1根、木桩（大小不一约20根）、油轨2块。首先把油枋树中间挖空，用来装油茶饼，然后装进宽窄不一的榨油木销（这些木销都是以优质实木制成），木销分为上下两层，各再配以一根很长的尖型木销，就开始进入榨油的"打油"了。打油的油锤有两种：一种是一根约一丈五的实木长锤，基本上就是一头粗一头细，粗的一端包以精铁制成的锤头，在油锤的重心有一铁环，用绳子吊在梁上，以减轻重量；另一种是用一块大花岗岩石制成，有两个把手方便打油师傅握紧使劲，四四方方的大花岗岩石上装有两个铁环，也是吊在梁上。

手工榨油技艺出油率高、沉渣少、品质好，但生产效率低，现已逐步被现代化机器榨油所取代。

━━•❦ 非遗打卡 ❦•━━━━━━━━━━━━━━━━━━━━━━

2009年，平远手工榨油技艺被列入梅州市市级非物质文化遗产代表性项目名录。

代表性传承人：廖佐春

店铺地址：平远县上举镇

大山的滋味

——酸甜苦辣

　　客家味道不复杂，干干脆脆，身居粤东山区的梅州人，从畲族等土著那里吸收了食补的智慧，靠山吃山，酸甜苦辣的滋味都取自山水田园。值得高兴的是，这些味道的制作技艺，大部分都很好地留存着，客家人很珍视这些滋味和手艺，幸而，它们被列入了非遗保护名录，历史在，传承在，味道在。

柯树潭糯米醋

　　五华县转水镇柯树潭糯米醋经过几代人的智慧创造，形成了其他醋种所不具有的独特工艺特征，用的原材料是优质糙糯米，经浸泡再蒸煮，降温后拌入酒粬，使淀粉糖化，发酵成酒醅，再经过醋酸菌发酵成为口感清香酸甜的纯正糯米醋。糯米醋口感酸中带甜，酸甜柔和并带有特有的米香，是酿醋行业中不可多得的上等佳品。

　　柯树潭糯米醋因其传统酿造工艺的精心制作

而声名远扬，近销梅州本地，远销珠江三角洲等地，受到消费者的广泛好评。梅州客家人都知道，它是著名的客家美食"五华鱼生"的标配。作为传统调味品的糯米醋，是客家人日常生活中不可或缺的食用品，同时，它的保健价值和药用价值也随着人们对绿色健康生活的追求而显得越来越重要。

—❖ 非遗打卡 ❖—————————————

　　2018年，柯树潭糯米醋制作技艺被列入五华县县级非物质文化遗产代表性项目名录。

　　代表性传承人：曾钦培

　　店铺地址：五华县转水镇柯树潭米醋厂

黄金榛（橙）糖

古时丰顺人把"榛"字读作"qin"，黄金镇人们至今还在这么用，但是现代汉语里面"榛"字只发"zhen"音了。说远古，是因为这种糖在当地已经甜了五百多年了！黄金"榛糖"，准确地说应该是"橙糖"，也叫黄金"情糖"，丰顺话"橙""情""榛"同音。

橙糖是用橙果配白砂糖经过精加工发酵制作而成的，外表晶莹透明，味道清甜可口，有着柠檬和柑橘的清爽，又有桂花的植物花香，特别适合甜品的制作和甜汤的调配，还具清热解毒之功效。在丰顺县和邻近的潮州地区，很多糕点都有这种独特的香气，比如入选省级非遗代表性项目名录的“隬隍云片糕”。

黄金橙糖的甜味非常独特，是一种很容易被人记住的味道，在不嗜甜的客家地区，是为数不多的本土甜品的味道符号，人们在一碗客家糯米汤圆、一碗生姜番薯汤、一根猪肠糕和一块黄金玉香糕里，都能吃出一股隐隐约约的清甜滋味，那是已经500岁的橙糖幻化出的美好。

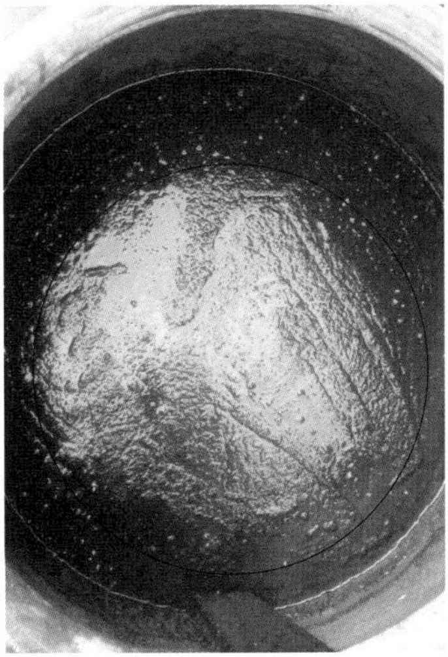

制作橙糖的橙果，是黄金镇当地特有的物种，这种橙树经过阳光雨露的滋润哺育，结出的橙子硕大、结实，味道独特。黄金橙，常绿乔木，叶卵形，果实圆球形，果皮绿色、有香气，果汁味酸，无法当水果直接吃，聪明的黄金人，把它制成了甜美的调味品。

制作方法

（1）每年立秋后，取成熟的橙果，去掉橙肉，保留橙皮。

（2）按150克橙皮配500克白砂糖的比例加入泉水搅拌并磨碎，倒入经过清洗、消毒的大水缸。

（3）将大水缸置于阳光下暴晒，期间要根据气温的变化不时适量添加白糖搅拌均匀，这个暴晒发酵的时间约2个月。

（4）发酵2个月后，橙糖呈咖啡色，特殊的香甜气味弥漫开来，橙糖也就做成了。

非遗打卡

2015年，黄金榇（橙）糖制作技艺被列入丰顺县县级非物质文化遗产代表性项目名录。

代表性传承人：黄师傅

店铺地址：黄金镇镇府路九号

桂岭蜂蜜

　　蕉岭是客家人南迁的集散地，是中国第四个世界长寿乡，境内山峦起伏，林木葱郁，有生态林场50多个，其中，国有省级林场2个。这里气候四季分明，林木花草和蜂蜜的花粉源资源丰富，是天然大型蜜库。客家人南迁蕉岭后把中原养蜂技术带到蕉岭，山民多有养蜂取糖的习惯，用蜜蜂收捕装置收集野生土蜜蜂进行人工饲养，提取蜂蜜。这里的蜜蜂是客家土蜜蜂，属中华蜜蜂"华南中蜂"，主要繁衍生息于蕉岭县海拔800米以下的丘陵和山区。客家养蜂法采用制造蜂础及活框蜂箱养蜂。每年8月以后，养蜂人利用蕉岭境内自生林里生长10年以上的杉木，砍伐剥皮后晾干，树皮用于制作成蜂箱遮阳篷，杉木则制作成蜂箱，具有隔热、防潮、耐用的效果。

养蜂技艺和蜂蜜加工工艺繁复，对养蜂人的经验和技术要求非常高，收蜂、选蜂、并群、介王、育王、放蜂、采收、摇蜜、加工……桂岭蜂蜜富含人体易吸收的微量元素钙和镁，这是桂岭蜂蜜不同于其他蜂蜜的最大特色。富硒蕉岭，世界长寿之乡，给桂岭蜂蜜做了最好的宣传，养蜂取蜜，从山区人的生活习惯，变成致富的甜蜜事业，传统的蜂蜜加工技艺，也得以活态传承。

—◆◻卍 非遗打卡 卍◻◆—

2021年，桂岭蜂蜜酿造技艺被列入蕉岭县县级非物质文化遗产代表性项目名录。

寻味推荐：当地超市、客家特产店、电商平台。

丰顺苦笋

八乡山地处粤东莲花山脉中段，位于丰顺县西南部，海拔600～1277米，全镇森林覆盖率达90%以上，年平均气温仅18.7℃，是天然的大氧吧，也是优质竹笋的最佳生长地。

这里生长着一种天然的苦竹笋，清明节前后是盛产期，它富含粗纤维、微量元素、多种维生素和氨基酸，是客家地区药食同源的代表肴馔之一。苦笋的烹饪制作在客家地区世代相传，有记载可追溯到明清时期。

一斤苦笋去壳后提取四两笋肉；接着焯水，保鲜，变待食食材。苦笋的烹饪制作技艺说简单也简单，但要把苦笋变得甘香可口，需得注意：要将苦笋的表皮去掉。苦笋表皮有一层小刺，去苦笋表皮时需先在笋尖的二分之一处用刀切一刀，将笋从笋尖处破成两半，然后把住笋尖向里卷，笋壳会一层一层往外剥，和笋肉就分离了。

苦笋中的苦味源自一种糖苷。糖苷可水解，在热水中焯一下，熟了会分解出笋中的大部分苦味。焯好的苦笋待凉后还是用原来煮熟的汤水泡着，这样笋不会变质，吃多少取多少。

当地人通常用苦笋、排骨、五花肉、咸菜搭配，制成苦笋煲。苦笋煲是丰顺苦笋烹制技艺的代表菜，最传统的做法是要用鲜笋，这样做出来的苦笋煲口味上乘，脆、甘，味道鲜美。制作过程一定要用肥五花肉，先把肥五花肉不停煸炒，使肉的油脂不断地释放，然后放入苦笋慢慢地翻炒，使苦笋充分吸收油脂，苦笋吸收油脂后变得更加滑嫩。加入高汤，这时可放入客家咸菜，再让苦笋吸收咸菜的酸、咸从而中和掉苦笋中的苦涩味道，汤色慢慢变得清亮，浓浓的笋味随汤味飘上来，汤中融合肉鲜、笋鲜、菜鲜的味道，一点都不腻。经过1小时的煲制，很脆、很甘，有点苦而带有骨香和鲜香的苦笋煲制作完成。

—— 非遗打卡 ——

2020年，丰顺苦笋烹饪制作技艺列入梅州市市级非物质文化遗产代表性项目名录。

代表性传承人：张锡贤

店铺地址：八乡山镇农民街75号鸿图饭店

红 粬

　　红粬，又名粬米、红米、赤粬、福米，红粬制作是一种传统手工技艺，早在明代药学家李时珍所著的《本草纲目》中就记载着红粬可为中医药材，认为红粬营养丰富，无毒无害，具有健脾消食、活血化瘀的特殊功效。红粬也是我国传统使用的天然色素之一，主要用于制作红腐乳、红香肠和烹调食品。红粬还是酿制客家老酒的重要原料之一。五华县转水镇被评为著名的"红粬之乡"。

转水红粬历史悠久，明崇祯年间转水镇新民村村民朱氏十三世祖朱尚文由福建传艺于转水，迄今已有近四百年的历史，它分布在转水镇新民村和青西村。旺盛时期，两个村的村民几乎每家都会酿制红粬。

转水红粬的原料为：优质大米、天然矿泉水，酵酶菌。整个生产过程有五道工序：淘洗和浸泡，蒸煮，接粬种，发酵，浸水。

───────◆ 非遗打卡 ◆───────

2012年，红粬制作技艺被列入五华县县级非物质文化遗产代表性项目名录。

寻味推荐：当地超市、客家特产店、菜市场。

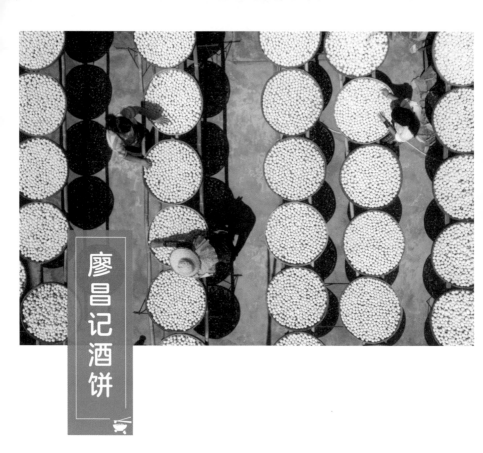

廖昌记酒饼

五华县转水镇廖氏八世上达公从江西学习酒饼制作手艺后传于转水，兴于廖氏十四世昌记公，故取生意牌号为"廖昌记酒饼"，并一直沿用至今。后来，昌记公的四个儿子把酒饼的制作技艺分别传至本县的双华镇及安流镇，甚至还传至普宁市、揭阳市、汕头市一带。此酒饼手工制作技艺代代相传，迄今已有三百多年历史，并一脉相承，从不间断，在鼎盛时期，转水廖姓人家几乎家家户户都在生产和经营酒饼。

转水酒饼是一种发酵物，将优质大米、白泥、牛七、大青叶（深山障里采取）及近百种中药碾成粉，混合搅拌均匀后，拧成肉丸大小的饼丸，接着放入发酵仓进行发酵，在发酵仓内发酵七天后出仓，然后再在烈日下晒干成品，最后进行成品包装。其功能和作用一是用于酿酒（制作娘酒、烧酒、老酒的发酵材料）；二是具有药用价值（用于驱蛔虫、祛风、跌打治疗等）。

—❖ 非遗打卡 ❖—————————————————————

2017年，廖昌记酒饼制作技艺被列入五华县县级非物质文化遗产代表性项目名录。

代表性传承人：廖新禄

店铺地址：五华县转水镇蛇塘村澄江湖

后记

　　客家民系是两支源流汇合而成的一条历史长河。一支源流是南迁的汉民，另一支是本地土著，他们为这支民系带来了有别于其他汉族民系的"客家特点"。当然，在进入梅州地区和梅州当地土著融合之前，这支民系身上已经融合了所经路径的在地文化和习俗，而不是一千多年前那些纯粹的中原汉人了。所以我们说有融合才有客家，不同族群的融合，不同文化的融合，这里面当然也包括不同饮食风俗的融合，而且饮食方面的融合要比其他方面的融合来得更直接，因为客家人每到一个地方，都要解决生存问题，那肯定就是依靠当地的食材，有什么吃什么了。梅州粄食文化的丰富程度，就很好地说明了这一点。随着交通和物流的高速发展，餐饮市场已经完全打开，客家菜已经撩起了它神秘的面纱，吸引着八方来客，客家菜独特的烹饪技法，原汁原味的健康食材，滋养了这里的人民，在梅州市五县两区一市（县级市）中，就有两个世界长寿之乡和四个中国长寿之乡！健康，不就是人们对菜肴、对食品的终极追求吗？